野菜・花・果樹

リアルタイム診断と施肥管理

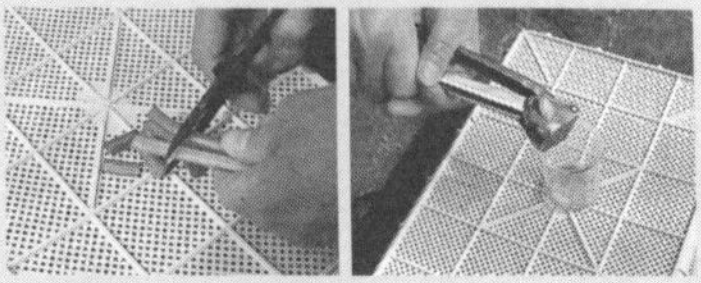

栄養・土壌・品質診断の方法と施肥・有機物利用

六本木和夫―著

農文協

まえがき

おもな作物には施肥基準がつくられており、この施肥基準を目安に肥料や土壌改良資材の施用をしている生産者も多い。しかし、施肥基準は初めて栽培するときの施肥量の目安を示すことに重点がおかれている。そのため、吸収されずに土の中に残った養分を考慮せずに施肥されることが多く、連作すると土壌養分の過剰やアンバランスが生じ、障害が出たり生産が不安定になったりしやすい。とくに園芸作物では一年に数回作付けされたり、果菜類など生育期間の長い品目も多く、多肥になりやすいので障害も発生しやすい。多肥になると、農地から養分が流出し、地下水や湖沼の富栄養化を引き起こす恐れもある。

以前は必要な養分を充分供給することに重点がおかれていたが、その結果として現在では養分過剰が問題になっており、適正な量を適正な時期に施肥することが大きな課題になっている。また、すでに多肥になっている畑を、適正な養分状態にもどすことも必要である。そのためには、生産自ら、現在栽培している作物の栄養状態や土壌の養分状態をつかまなければならない。さらに、これまでの施肥方法を見直し、過剰にならない施肥方法や施肥効率の高い栽培法をとることが求められている。

そのための一つが、栽培現場で簡単にできる診断法である。私たち人間は、体調が悪くて病院にいくと、血圧や血液、尿などの検査結果を短時間で知ることができ、その結果によって直ちに医師の指示を仰ぐことができる。このことは、施肥管理や土壌管理でも必要であり、血圧や血液、尿検査にあたるのが、作物の栄養状態や土壌の養分状態を栽培現場で判断する、リアルタイム診断である。作物は常に生育しており、診断結果がおくれて充分な管理ができなければ収量減や障害につながる。それを防ぐには、リアルタイム診断とそれによる的確な対策が欠かせない。とくに施肥量、施肥回数が多い園芸作物では、リアルタイム診断の要求度が高く、診断によって追肥の要否を判断し、過不足のない効率的な施肥が実現できる。

二つめが、省力的で肥料を減らすことができる施肥法である。養液土耕栽培は、作物の生育に合わせて点滴チューブでかん水同時施肥を行なう方法で、土壌中の養分が少なくても作物栄養を適正に維持できる。施肥量を減らすことができるだけでなく、作物の品質や生産性の向上、省力化につながることも確認されている。

一方、追肥主体の養液土耕栽培と対極にあるのが、被覆肥料を用いた全量基肥栽培である。定植位置の直下に被覆肥料を局所施用することにより、施肥量の削減と、追肥を省略することができ、今後、多くの園芸作物で広がることが期待されている。

最後が土壌の生産力向上である。土壌には養分供給力、養分保持力、緩衝能の三つのすぐれた機能があり、これには土壌中の腐植が大きな役割を果たしている。腐植によって、土壌の生産力が維持・向上されている。そして、腐植を維持していくには、供給源である有機物を持続的に施用していかなければならない。

本書では、①現状の施肥と土壌管理にはどのような問題点があるのか、②なぜ、リアルタイム診断技術が必要なのか、③リアルタイム診断の方法と、それに基づく各園芸作物別の効率的な施肥管理技術、④リアルタイム診断を取り入れた養液土耕栽培、被覆肥料の全量基肥栽培、⑤作物生産に大きな役割を果たしている土壌の働き―有機物施用と土壌肥沃度―についてわかりやすく解説し、施肥と土づくりの問題点を克服するためのポイントを示した。生産者をはじめ、研究者や指導者、さらに園芸生産にたずさわる多くの方々の手引き書として役立てていただければ幸いである。

終わりに、貴重な資料の提供や研究成果を引用させていただいた方々、ならびに共同で仕事をさせていただいた山﨑、島田両氏に心から謝意を表するとともに、本書の出版に尽力された農文協編集部に心よりお礼申し上げる。

二〇〇七年二月

六本木　和夫

目次

第2章　リアルタイム診断技術の開発

第3章　リアルタイム診断による施肥管理

第4章　リアルタイム診断を生かした施肥技術

第5章　土づくりと有機物施用
――生育の土台づくり

第1章

今日の施肥と土壌管理をめぐって

1　土の実態はどうなっているか
——不足から過剰が問題に

戦後間もないころは食料が不足していたが、昭和五十年代以降になると海外から豊富な食料が輸入されるようになったこともあり、栄養過多となって肥満、糖尿病、動脈硬化などの生活習慣病が増加し、現在にいたっている。これと同じようなことは土壌管理にも当てはまり、土壌は一定量以内しか養分を保持できないにもかかわらず、それ以上の養分が施肥され、消化不良におちいっている現実がある。また、たとえが適切でないかもしれないが、人間の体内の脂肪に相当するリン酸や、血液中の老廃物に相当する塩類も明らかに蓄積しており、作物生産にとって不安定要因を抱えている。

一つの例として、ある地域一〇戸の促成キュウリ収穫初期の土壌分析平均値を示す（表1—1）。これをみると、安定生産のための目標値に対して無機態窒素、石灰、苦土、カリ含量のすべてが過剰であり、塩基飽和度も一〇〇％以上となり、われわれの胃袋に相当する陽イオン交換容量が過剰な塩基含量によって満杯以上になっている。また、リン酸にいたっては目標値の一五〜二〇倍近くの含量であり、当分の間、リン酸を施肥しなくてもまったく問題がない状態である。

土壌を健康体にして作物の安定生産をはかるには、土壌の健康状態を把握して、適切な施肥管理を実施していく

表1—1　促成キュウリ収穫初期の土壌養分の実態

	pH (H_2O)	無機態窒素 (mg/100g)	陽イオン 交換容量 cmol(+)/kg	塩基 飽和度 (%)	交換性塩基 (mg/100g) 石灰	 苦土	 カリ	可給態 リン酸 (mg/100g)
現地園	5.7	25.4	26.7	107	532	116	159	580
目標値	6.0 〜 6.5	10 〜 15	25	75 〜 80	400 〜 450	60 〜 80	40 〜 50	30 〜 50

注　1）目標値は陽イオン交換容量が25cmol（+）/kgのときを仮定して表わした
　　2）10戸のハウス平均

ことが必要で、われわれの人間ドッグに当てはまるのが土壌診断である。作付け前には定期的に土壌診断を実施し、これによって栽培を開始するにあたっての土壌改良の必要性の有無や施肥量の目安を判断していく。

診断結果によって誰でもが簡単にできる方法は、不足養分は施肥によって補い、過剰養分は施肥しないことが大原則である。また、土壌診断には多くの測定項目があるが、このなかでもっとも重要なのがpHであり、作物の安定生産をはかる第一条件は土壌pHを適正に保つことである。

2　pHを最適に保つ

pHは土壌溶液中の水素イオン濃度を表わし、風乾土一に対して二・五倍量の蒸留水を加えて、攪拌後の上澄液をpHメータで測定するもので、水素イオン濃度が10^{-7}より多いときは酸性、少ないときはアルカリ性となる。多くの作物の最適pH値は弱酸性の六・〇～六・五であり、塩基である石灰、苦土、カリ含量によってpH値は決まってくる。

pHはもっともわかりやすい指標であり、またもっとも簡単に測定できる診断項目の一つである。定期的に土壌pHを測定して好適な土壌条件を維持していく必要があり、最近では栽培現場で測定できる器具として簡易なpH試験紙や小型のハンディタイプのpHメータが販売されるようになってきている。

(1) 高pHによるマンガン欠乏症

pHが上昇して土壌が中性～アルカリ性になるとマンガン、鉄、ホウ素などの微量要素が不溶化するため、これらの欠乏症状が発生しやすくなる。

このような事例の一つとしてニホンナシに発生したマンガン欠乏症がある（図1―1）。マンガン欠乏症は五月下

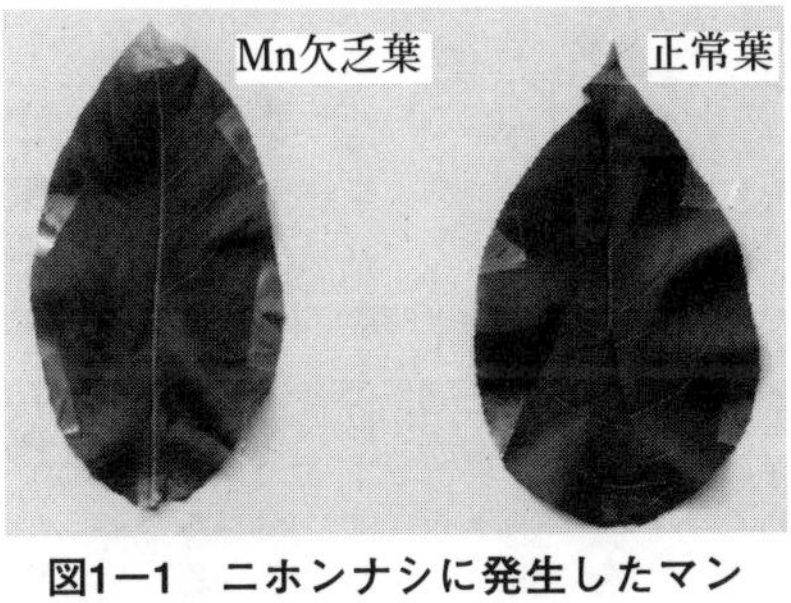

図1―1　ニホンナシに発生したマンガン欠乏症

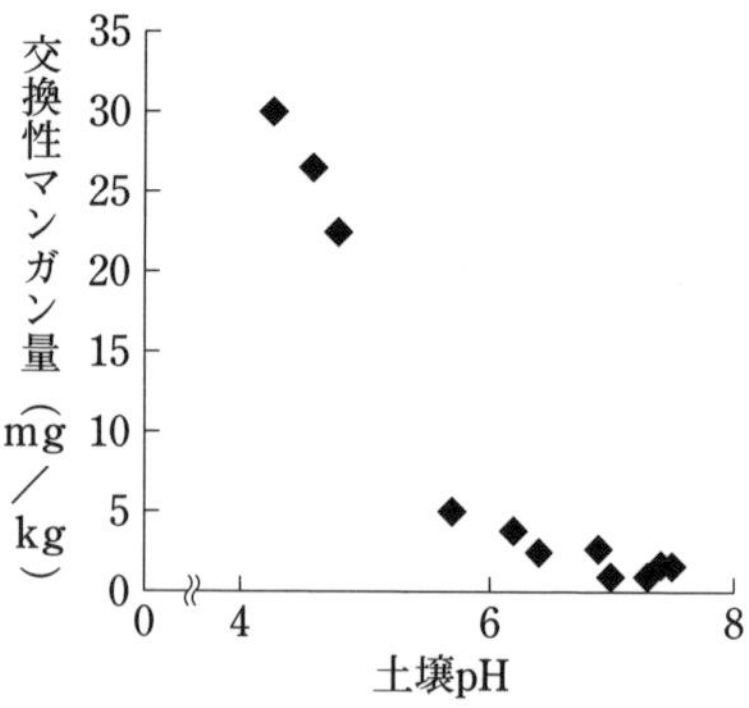

図1―2　ニホンナシ園での土壌pHと交換性マンガン含量の関係

旬以降の新葉の展開後、葉の葉脈間がまだら状に黄白化してくるもので、葉の光合成能力が低下するため果実肥大や樹勢に影響してくる。

十一月下旬の基肥に合わせて慣行的に石灰資材を施用することが一般的に行なわれている。しかし、陽イオン交換容量が低い土壌では、石灰含量が増加することによって、土壌pHが中性近くまで上昇しやすくなる。そのため、土壌中のマンガンが不可給態となってマンガン欠乏症が発生するようになる（図1―2）。これと同じ現象はウメ、モモでもみられる。

基本的な対策は、土壌pHが六・〇以下に低下するまで石灰資材の施用を中止することである。しかし、土壌pHはいったん上昇すると施用を中断しても二～三年の短期間内には低下してこない。このため、緊急的な対策としてマンガンの葉面散布を行なう。五月下旬以降に、薬剤散布に合わせて一〇～一四日間隔で二回程度〇・二～〇・三％の硫酸マンガン溶液を葉面散布することで、マンガン欠乏症を改善することができる。

(2) 高pHを利用した根こぶ病軽減対策

土壌pHを最適に保つことの必要性を十分に認識していても、意識的に土壌pHを高くして土壌病害を軽減している場合もある。アブラナ科野菜に発生する根こぶ病菌は、土壌pHが高くなると休眠胞子の発芽率が低くなり、胞子から生じた遊走子の活動も低下するため、キャベツ、ハクサイ、ブロッコリーなどのアブラナ科野菜の連作地帯では石灰資材を多用して被害の軽減をねらっている。

チンゲンサイも他のアブラナ科野菜と同様に、連作によって根こぶ病が多発するようになる。根こぶ病の発生が中程度の圃場で、チンゲンサイを直播栽培すると発生株率、発病度が高くなり、販売可能となる上物歩合も大幅に少なくなる。これに対し、消石灰を施用して土壌のpHを六・二から六・八に上昇させ、同じように直播栽培を行なうと、チンゲンサイの発病株率や発病度が低下し上物歩合も増加するので、pH上昇による一定の改善効果がみられる。

さらに、消石灰施用に加えてペーパーポット育苗した苗移植を組み合わせると発病度が一〇分の一以下となり、根こぶ病の被害を大幅に回避することができる。ペーパーポット移植の効果として、根の周囲が無病土であることと、直播にくらべ栽培期間を短縮できる点がある（表1―2）。

表1―2　消石灰施用とペーパーポット移植を組み合わせたチンゲンサイの根こぶ病防除

試験区	発生株率（%）	発病度	収量（kg/a）	株重（g）	上物歩合（%）
直播・消石灰無施用	68.5	44.1	388	101	32.6
直播・消石灰施用	35.5	19.1	487	127	51.1
移植・消石灰施用	11.8	3.4	564	147	83.0

注　1）根こぶ病の発病度は0～4の5階級に分け下の式より求めた
｛Σ（階級値×株数）／（4×調査株数）｝×100
2）ペーパーポット容量：19cm^3

石灰の多量施用による土壌病害を防ぐ方法は現場では行ないやすい方法である。しかし、石灰施用のみでは防除効果に一定の限界があること、また石灰の多量施用によって土壌がアルカリ性になるとホウ素、マンガンの微量要素欠乏におちいる危険性もあるため過剰な石灰の連用は避けるべきである。基本的には、土壌pHを六・五～七・〇の間に維持し、ペーパーポット育苗した苗移植などを組み合わせることによって、根こぶ病の被害を軽減し、安定生産をはかっていく必要がある。

(3) 低pHによる障害

pHが低下し、強酸性になると土壌中では石灰、苦土などの塩基類が不足するとともに、水素イオン増加による酸性障害のほか、アルミニウムが溶出して根の発達、伸長を阻害するようになる。また、リン酸もアルミニウムと結合して不溶化してリン酸の肥効が低下するとともに、マンガンが可溶化してマンガン過剰害が発生しやすくなる。

低pHに対する耐性は作物種によって異なり、もっとも弱いのがホウレンソウ、レタス、ニンジンなどであり、中程度がキャベツ、ハクサイなどである。茶樹、ブルーベリーは五・〇以下の強酸性のときほうが、好適な場合もあり、これは低pHによって溶出した過剰なアルミニウムイオン、水素イオンに対する根の抵抗性が強いためと考えられる。

3　EC値から硝酸態窒素含量をみる限界点

(1) 土壌のEC値（電気伝導度）と硝酸態窒素含量の関係

ECは土壌中の水溶性塩類の総量を表わすもので、風乾土一に対して五倍量の蒸留水を加えて、振とう後ECメータにより測定する。EC値と硝酸態窒素含量とは有意な関係があることから、EC測定は土壌中の硝酸態窒素含量を推定する方法として広く普及している。埼玉県内の沖積土壌の施設キュウリを対象に調査した結果でも同様であり、これを基準にして土壌中の硝酸態窒素含量を推定すると、EC値が〇・四dS／mでは一二mg／一〇〇g、〇・六dS／mでは二〇mg／一〇〇gとなる（図1—3）。そして、作付け前に〇・二dS／m以下の場合は慣行どおりの施肥を行ない、〇・四〜〇・五dS／m以上の場合は五〇％以上の基肥窒素の削減が必要になってくる。

EC値を施肥管理の指標にするとき注意することは、EC値は硝酸イオン以外の他のイオンも測定していることである。硝酸イオン以外のイオンが多くなると、EC値と硝酸態窒素含量の関係が低下してくる。これは愛知県での陽イオン交換容量が小さい鉱質土壌の事例であるが、施設栽培の年数が長くなるにしたがい多量の塩類が集積した結果、EC値は硝酸イオンよりも硫酸イオンとの関係が強くなり、EC値が高いにもかかわらず土壌中の硝酸態窒素含量は低く、EC値による方法では正確な硝酸態窒素含量の評価ができなくなることを示している（図1—4）。

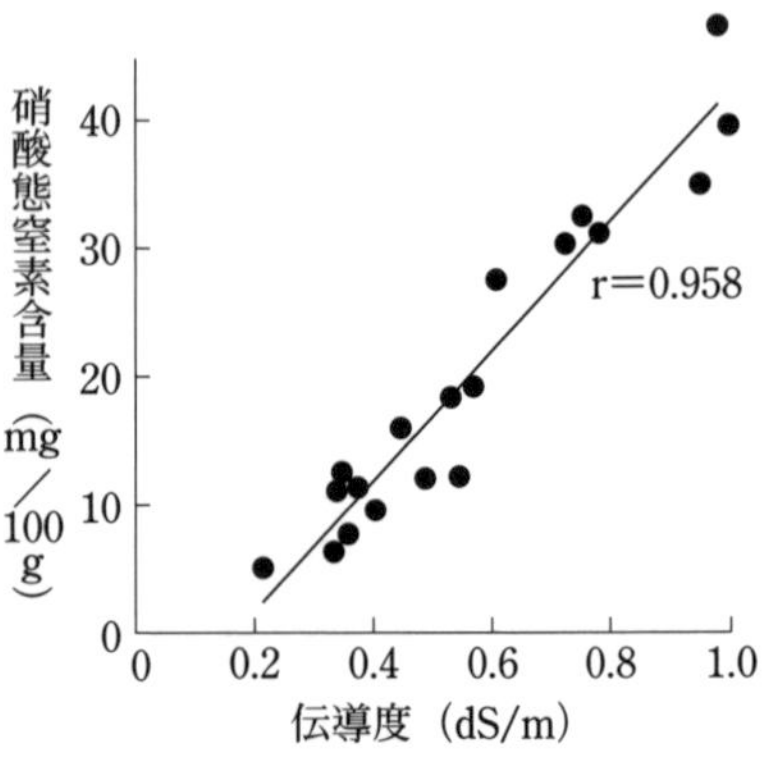

図1—3　硝酸態窒素含量とEC値の関係

(2) 土壌の硝酸イオンを直接測定する

EC値と硝酸態窒素含量の間では、沖積土壌、黒ボク土壌、砂質土壌のよ

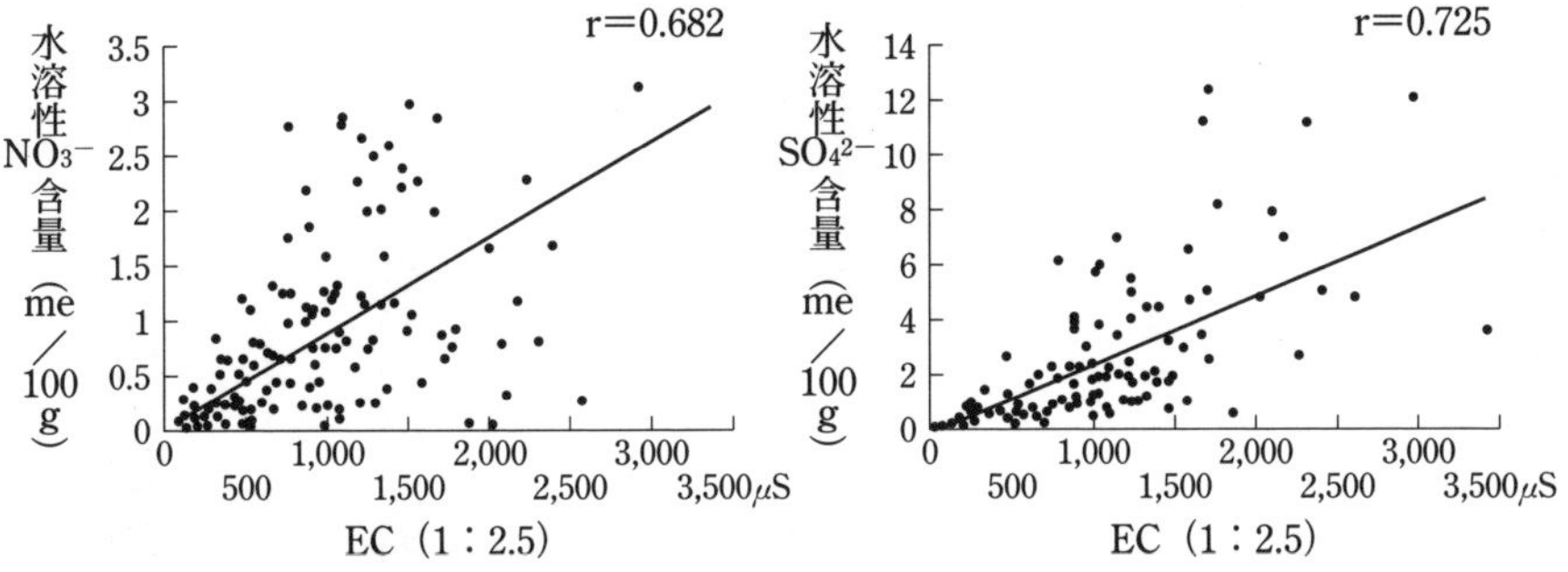

図1―4　愛知県内施設土壌でのEC値と水溶性硝酸イオン（NO_3^-），硫酸イオン（SO_4^{2-}）の関係　（愛知農総試，瀧）

注　トマト施設，204点

うに土壌の種類が変われば関係式が異なるため、一律的に異なった種類の土壌のＥＣ値を比較することができない。土壌の種類別にＥＣ値と硝酸態窒素含量の関係を明らかにしておく必要がある。

さらに、多肥栽培される施設土壌では硝酸イオン以外の成分も多量に残っているので、ＥＣ値から土壌の硝酸態窒素含量を推測していくことには限界がある。このため、より正確な診断を行なうには、抽出液の硝酸イオン濃度を直接測定する必要がある。

土壌の硝酸態窒素含量を測定する方法は、ＥＣ値を測定するのと同様に簡単である。その方法は、風乾土一に対して五倍量の蒸留水、たとえば土壌二〇gに一〇〇mlの蒸留水を加え、一分間隔で二回、手振とう後の上澄液の硝酸イオン濃度を、後述する硝酸イオンの簡易測定器具を用いて測定するものである。測定値に〇・一一三を乗じれば一〇〇g当たりの硝酸態窒素含量を求めることができ、より的確な施肥管理に結びつけられる（表1―3）。

表1―3　土壌中の硝酸態窒素含量の簡易測定法

土壌に対する蒸留水の割合	換算方法（土壌100g当たり硝酸態窒素含量のmg数）
土壌20g：蒸留水100ml（1：5）	上澄液の硝酸イオン濃度に0.113を掛ける
〃　20g：〃　150ml（1：7.5）	〃　0.170を掛ける
〃　20g：〃　200ml（1：10）	〃　0.226を掛ける

4　リン酸の過剰と対策

(1)　リン酸過剰の原因

水稲、小麦の収穫期は枯熟期で、玄米、子実中には窒素に次いでリン酸が多く含まれ、リン酸吸収量は窒素の約五〇%である。さらに、水稲、小麦のリン酸施肥量は一〇kg/一〇a以下と他の園芸作物にくらべて少ないことも加わり、水田でのリン酸含量の顕著な増加はみられない。

園芸作物の収穫期は、生育最盛期の栄養生長のとき、栄養生長と生殖生長が同時進行しているときなどさまざまであり、栄養生理的には窒素、カリにくらべてリン酸の要求量が少なく窒素の四〇~四五%である。しかし、慣行的な施肥管理ではリン酸は窒素、カリと同量施肥されるのが一般的である。このなかで未利用の窒素、カリは土壌中のイオンと結合して硝酸石灰、硝酸カリなどの化合物となりかん水や降水により土壌から流れ去るが、リン酸は土壌中のアルミニウム、鉄、石灰と結合して土壌に残る。

一般的には野菜類のリン酸利用率は二〇%前後とされ、二五年間（年一作）にわたってイナワラ堆肥連用試験を実施した沖積野菜畑での、野菜のリン酸利用率は一六%である。この試験を行なったときの二五作の平均施肥量は窒素、リン酸、カリともに二五kg/一〇aだったので、未利用の施肥リン酸は一作について二〇kg、二五作の合計では五〇〇kgとなり、その多くが土壌に残ったと考えられる。施設栽培では年間に五〇~六〇kg/一〇aのリン酸が施肥されることは通常であり、露地畑にくらべ、よりいっそうリン酸の蓄積が進行する結果となる。

(2)　キュウリに発生したリン酸過剰による障害

野菜のリン酸吸収量が少なく、未利用のリン酸が土壌に残存することがリン酸富化の主因であるが、それとともに養分含量が高い畜ふん堆肥が施用されること、さらに最近では高付加価値化をねらって有機質肥料を使用することもリン酸富化を助長する要因となっている。

一つの事例として、畜ふん主体の堆肥を施用し、かつ有機質肥料を施肥しているキュウリハウスで、キュウリ果実の収穫が始まった前後から、下位葉の葉縁部が枯れ込んで白化する症状が発生したことがある（図1―5）。発生葉はリン酸含量が高いのに対し、カリ含量が低い。発生したハウスでは土壌の可給態のリン酸含量が平均で七〇〇mg／一〇〇g、もっとも高いハウスでは九〇〇mg／一〇〇gである。土壌中にリン酸が過剰にあると、カリが不溶化して吸収が抑制され、またキュウリ体内では生長点部分にカリが移動してしまうため、中位葉以下の古い葉にカリ欠乏が発生したと考えられる。

図1―5　リン酸過剰土壌で発生したキュウリのカリ欠乏症状

無発生の葉縁部：カリ1.74%，リン酸1.65%，中～多発生の葉縁部：カリ0.75%，リン酸2.70%

表1―4　オガクズの有無別にみた畜ふん堆肥の成分組成

（農業研究センター，山口・原田ら）

畜種	副資材	水分（現物%）	現物%			乾物%		
			窒素	リン酸	カリ	窒素	リン酸	カリ
牛	なし	49.9	1.1	1.5	1.5	2.2	2.9	2.9
	オガクズ	57.8	0.8	1.0	1.1	1.9	2.3	2.6
豚	なし	29.0	2.7	5.0	2.1	3.8	7.1	3.0
	オガクズ	43.8	1.4	3.0	1.5	2.5	5.4	2.6
鶏	なし	19.7	2.8	5.9	3.1	3.5	7.3	3.9
	オガクズ	37.1	2.3	3.8	2.0	3.7	6.1	3.1

　以前では、堆肥は土づくり資材として、通常の施肥を行なったところに上乗せ施用していたが、これはイナワラ、ムギワラを主体とした成分組成の少ない堆肥を使用していた時のことである。現在では流通している堆肥の成分含量は高く、リン酸は牛ふん堆肥が二・五％前後、さらに豚ぷん堆肥、鶏ふん堆肥では六・〇％であり、かりにオガクズ入りの豚ぷん堆肥を一t／一〇a施用しても三〇kg以上のリン酸が施用されたことになる（表1―4）。

　畜ふん堆肥の施用一年以内に有効化する成分量は、窒素で三〇～六〇％、リン酸で六〇～七〇％、カリで九〇～一〇〇％であり、前述の豚ぷん堆肥では二〇kgに相当するリン酸が施肥された計算である。堆肥の施用にあたっては、堆肥からの有効化する養分量を把握し、それに合わせて施肥量を削減していくことが必要である。

(3) 土壌養分からリン酸施肥を減らす量を決める

リン酸は肥料の三要素の一つであり、作物のリン酸吸収量が少ないにもかかわらず、窒素、カリと同量施肥することが慣行的に行なわれている。さらに黒ボク土壌ではリン酸増肥により生産性が著しく向上した事実があり、生産者は土壌改良材としてのリン酸に特別な意識を持つ傾向がある。このため、リン酸減肥あるいは無リン酸を指導しても、生産者側ではリン酸施肥削減に対する不安があり、リン酸の富化が改善されない一因ともなっている。

土壌中の可給態リン酸含量は野菜畑においても二〇〜三〇mg／一〇〇gあれば十分である。しかし、施設土壌では五〇〇mg／一〇〇g以上の可給態リン酸含量が存在するところもめずらしくない。かりに可給態リン酸が三〇〇mg／一〇〇gで、作土一五cmと仮定すると、一〇a当たり四五〇kgの可給態のリン酸が含まれていることになる。

これは、約二〇作分に相当するリン酸が土壌に蓄積している計算である。このような土壌条件のとき、窒素と同量のリン酸を施肥する必要はなく、可給態リン酸含量が一〇〇〜二〇〇mg／一〇〇gのときは窒素の半量、二〇〇mg／一〇〇g以上のときは無リン酸にしても野菜の生育に悪影響することはない。

リン酸過剰の土壌では窒素、カリを単肥で施肥すべきであり、化成肥料にくらべやや労力がかかるものの、これにより肥料代の節約や有限であるリン酸資源の節減につながる。

5 塩基バランスの乱れ

(1) 塩基バランスの不均衡による欠乏症

野菜畑では施肥量が多く、それにともなって土壌中の石灰、苦土、カリの塩基含量も増加している。以前では単純に塩基不足によって欠乏症が発生していたが、昭和五十年代以降になると、生育するのに十分な塩基含量があっても、それ以上に他の塩基含量が過剰になって、塩基間のアンバランスにより生育不良や障害の発生がみられることが常態化している。

表1—5　メロン葉枯れ症発生程度と収穫後の土壌の塩基含量（鹿児島農試，森田ら）

発生程度	pH (KCl)	陽イオン交換容量 (cmol (+) /kg)	交換性塩基 (mg/100g)			当量比	
			石灰	苦土	カリ	石灰／苦土	苦土／カリ
無～軽	5.8	20	622	28	28	15.3	2.7
甚	7.1	22	1,579	24	19	47.0	3.2

島根県、鹿児島県で発生したメロンの葉枯れ症は苦土欠乏であるが、その発生原因として島根県ではカリ過剰、鹿児島県では石灰過剰とされ、石灰／苦土比の上昇または苦土／カリ比の低下による塩基バランスの乱れによって引き起こされる（表1—5）。野菜ではカリ過剰または石灰過剰によって苦土欠乏が発生しやすく、キュウリのグリーンリング症、まだら葉などの多くの報告がある。

(2) 目標とする塩基バランス、塩基飽和度

望ましい塩基バランスの当量比として石灰／苦土比は二～六、苦土／カリ比は一～二以上とされている。

当量比の求め方は交換性石灰、苦土、カリの一mg当量がそれぞれ二八、二〇、四七mgであり、かりに土壌診断による値が交換性石灰含量二八〇mg、苦土含量六〇mg、カリ含量四〇mgの場合、当量は石灰一〇、苦土三、カリ〇・八五となり、石灰／苦土比は三・三、苦土／カリ比は三・五と求められ、診断した土壌の塩基バランスは基準値内であると判断できる。

われわれの胃袋の大きさにたとえられる土壌の陽イオン交換容量が、どれだけ石灰、苦土、カリで占められているかを示したのが塩基飽和度である。畑土壌の目標とする塩基飽和度は陽イオン交換容量のちがいによって異なり、一〇～二〇cmol(+)／kgのときは八〇～一〇〇％、二〇cmol(+)／kg以上のときは七五～八〇％とされており、陽イオン交換容量が小さい土壌ほど塩基飽和度を上げていく必要がある。

6　塩類蓄積の悪循環

(1)　塩類蓄積の原因

塩類とは主に肥料として施用された硝酸イオン、肥料の副成分である硫酸イオン、塩素イオンが、土壌中の石灰と中和反応を起こして生成される硫酸カルシウム、硝酸カルシウム、塩化カルシウムなどの総称である。硫酸イオン、硝酸イオン、塩素イオンは酸性反応を示すため、これらのイオンが多くなると土壌pHが低下し、ＥＣ値が高くなり、塩類集積は直接的、間接的に作物生育に対して悪影響を与える。

特に、施設土壌では施肥量が多く、下層から表層に水が動くため、水の移動にともなって表層部分に塩類が集積しやすくなる。塩類集積によって土壌pHが低下すると、これを是正するために石灰資材を施用するが、石灰は土壌中の硫酸イオン、塩素イオンと中和反応を起こし、さらに塩類が集積するという悪循環におちいる。

(2)　対策は副成分のない肥料を用いる

副成分のある硫安、過リン酸石灰、硫酸カリを施用した区と、副成分のない硝酸アンモニウム（硝安）、リン酸カリ、硝酸カリを施用した区で、塩類集積や野菜の生育を比較した試験がある（農環研、小野ら）。

副成分のある肥料を施用した試験区は、土壌pHが低下し、ＥＣ値が高くなる。しかし、副成分のない肥料を施用した試験区は、作付け回数が増加しても土壌pH、ＥＣ値は作付け前と変わらず、適正な状態に維持されている。野菜の生育も副成分のない肥料を施用した試験区で良好となり、塩類集積を防ぐには副成分を含まない肥料や資材を施用していくことが基本となる（図1―6）。

現在、副成分を含まない肥料として養液土耕栽培用の専用肥料がある。しかし、この肥料は液肥用であるため使用場面が制限されること、また高価格であり、慣行の栽培方法では使用しにくい。このため、一挙に副成分のない肥料に切り替えることは困難であるが、尿素などの副成分のない低価格の肥料を選択して、徐々に塩類集積の軽減をはかっていくことが必要である。

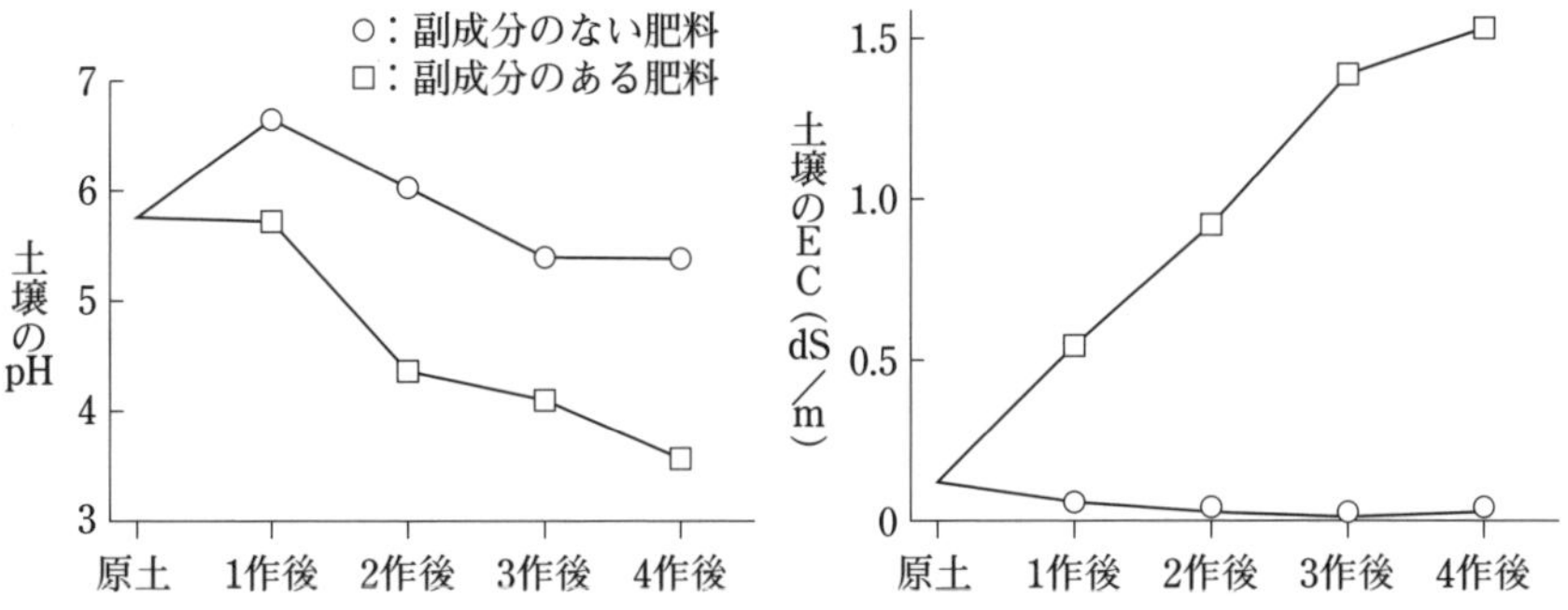

図1−6　肥料の種類のちがいによる土壌pH，ECの経時的変化

（農環研，小野ら）

7　作目別施肥の課題

(1)　野菜・花きの施肥

①なぜ施肥量が多くなるのか

野菜、花きなどの園芸作物は種類や作型が多く、収穫時期は生育最盛期の栄養生長のとき、栄養生長と生殖生長が同時に進行しているときなどさまざまで、収穫期まで一定水準の土壌養分を必要とする。

極端な窒素過剰または不足のときは葉色や生育状況から判断できるが、多くの野菜、花きでは適正から過剰になる前の段階である境界域のときは、葉色から窒素の栄養状態を判断しにくいため、養分不足をおそれて過剰な施肥になりやすい。

②窒素施肥と品質の関係

果菜類は窒素過剰になると茎葉中の硝酸イオン濃度が大幅に上昇するが、果実中の硝酸イオン濃度はもともと低く、果実品質に対する影響は少ない。しかし、ときには窒素過剰が引き金となってカルシウム欠乏が発生し、トマトでは尻腐れ症、イチゴではチップバーンなどの症状がみられる。

窒素過剰の影響を直接受けるのは葉菜類である。レタス、キャベツを対象に、窒素施肥量を一定水準の段階まで徐々に上げていくと収量は増加してくる。しかし、標準施肥量以上となると収量は頭打ちとなり、体内の硝酸イオ

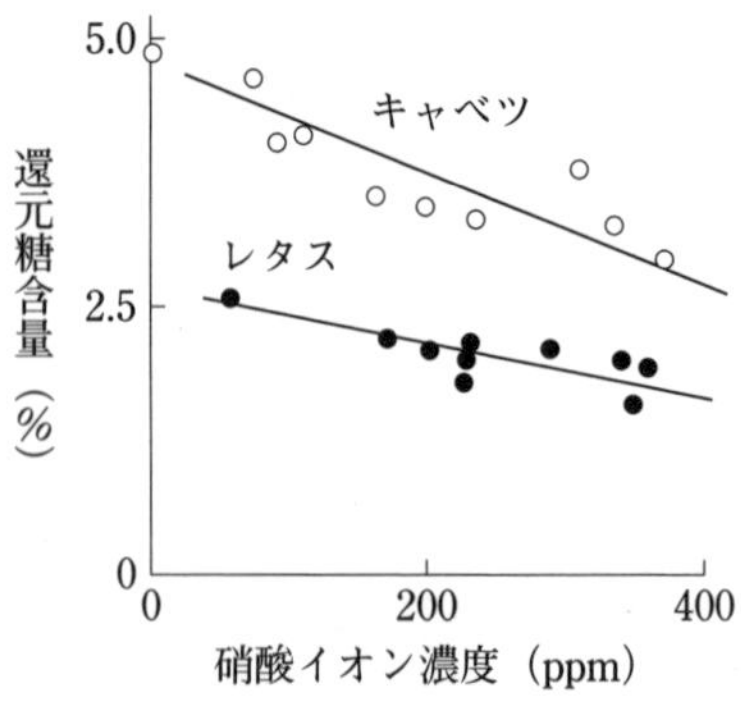

図1―7　野菜の還元糖含量と硝酸イオン濃度の関係

ン濃度が増加するのに対し、還元糖含量は逆に減少するようになる。体内の糖は呼吸基質として用いられるため、糖含量が低下すると日持ちが悪くなり品質的には劣ってくる（図1―7）。

これと同様のことはホウレンソウ、コマツナなどにもいえることで、葉物類はもともと硝酸イオン濃度が高く、多肥によってよりいっそう増加し、逆にビタミンC、糖、乾物率が減少するようになる。われわれが野菜を摂取するとき、野菜のなかの硝酸イオン濃度は低いことが望ましく、品質を高めるためにも一定基準内の適正施肥が必要である。

花き類は、窒素過剰によってキクの心止まり症、カーネーションの止葉のクロロシス症が発生するとされている。また過剰養分そのものよりも、過剰によって土壌pHが変動し、マンガンなどの微量要素の過剰症、欠乏症が発生しやすくなる。

いずれにしても障害の発生や品質低下の有無にかかわらず、多肥によって養分過剰になると施肥効率は著しく低下し、未利用の窒素は圃場外に流出して、地下水、河川などの周辺環境の富栄養化の一因となる。

③肥料はどの程度利用されるのか――肥料利用率

施肥された養分がどれだけ作物に吸収利用されるのか。施肥効率や土壌の残存養分を考える意味においても、肥料利用率を明らかにしておくことは重要である。

これを知るには二つの方法があり、その一つがラベルした窒素（重窒素）などの肥料を施して、ラベルした成分の吸収量を求め、施用量で割って利用率を出す方法である。

もう一つが、通常の施肥を行なった作物の養分吸収量から欠如区の欠如した養分の吸収量を差し引き、そのときの施肥量で割って肥料利用率を求めるものである。この方法は前作までの施肥した養分が土壌中に残っているため、一～二年程度の短期間の試験では正確な値を得ることができず、残っている養分の影響がなくなる四～五年の期間が必要である。

沖積土壌の野菜畑で窒素、リン酸、カリそれに石灰を施用した四要素区に、無窒素、無リン酸、無カリの要素欠如区をつくり、キャベツ、ハクサイ、レタス、ダイコン、ニンジンなどの葉菜類や根菜類を栽培した、二五年間のイナワラ堆肥連用試験がある。この試験から肥料利用率を求めると、栽培年数が経過するにしたがい三要素の肥料利用率が高くなる傾向にあるが、平均すると窒素で四六%、リン酸で一六%、カリで七〇%であり、施肥窒素は五〇%以上に相当する量が未利用となって圃場外に流出することがわかる（図1―8）。

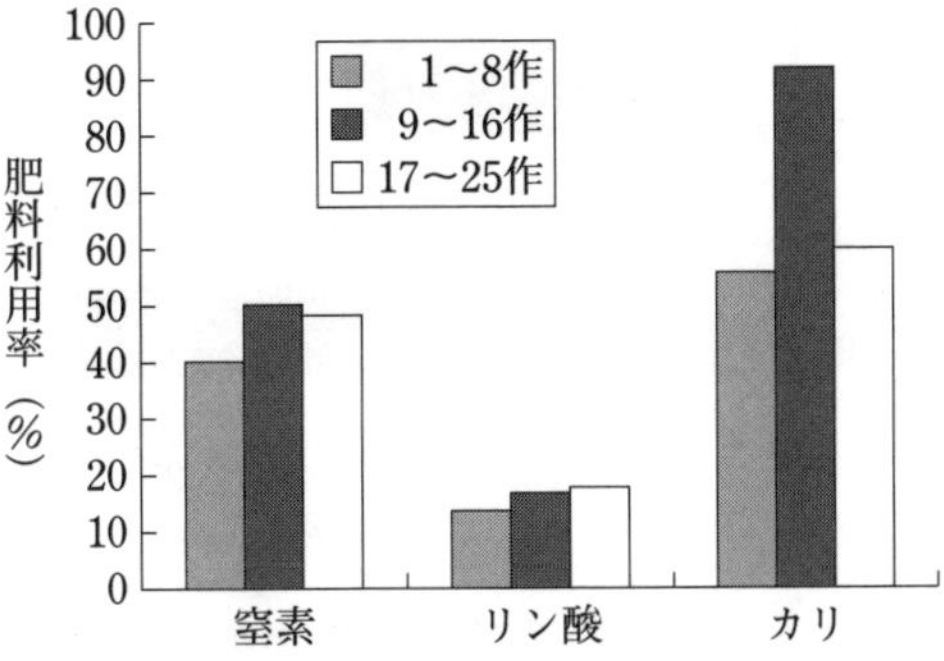

図1―8　野菜の肥料利用率

野菜は大面積で栽培されること、さらに一年のうちに二～三作栽培されることもあり、トータルの施肥量は多量である。地下水、河川、湖沼に与える養分富化は大きく、施肥利用率の高い施肥法を開発して、養分流出を抑制していく必要がある。

(2)　果樹の施肥

①窒素は収穫期まで効かさない

果樹は新梢の伸長期、果実の肥大初期には養分吸収が盛んになるため、土壌中に一定水準の窒素含量が必要である。しかし、収穫期までに窒素が減少しないと過剰な窒素吸収により、果実の障害や品質の低下につながる。

このため、収穫期前の一定期間は施肥をひかえることが必要であり、八月上旬に収穫期となる関東平坦地のニホンナシ'幸水'では、追肥は五月下旬～六月上旬までとし、上限の施肥量も窒素で三kg／一〇a以下としている。

しかし、果樹は根域が広いため、施肥窒素の残りや畜ふん主体の堆肥施用により窒素の肥効が持続したり、さらに高樹齢化による樹勢低下を補うため過剰な施肥を行なうこともある。そのため、温州ミカンでは浮皮、ブドウでは花ぶるい、リンゴでは着色低下などの窒素過剰による障害が発生しやすくなる。

②肥料はどの程度利用されるのか――肥料利用率

永年性作物である果樹は、一年生の野菜・花きにくらべて根域が広く、肥

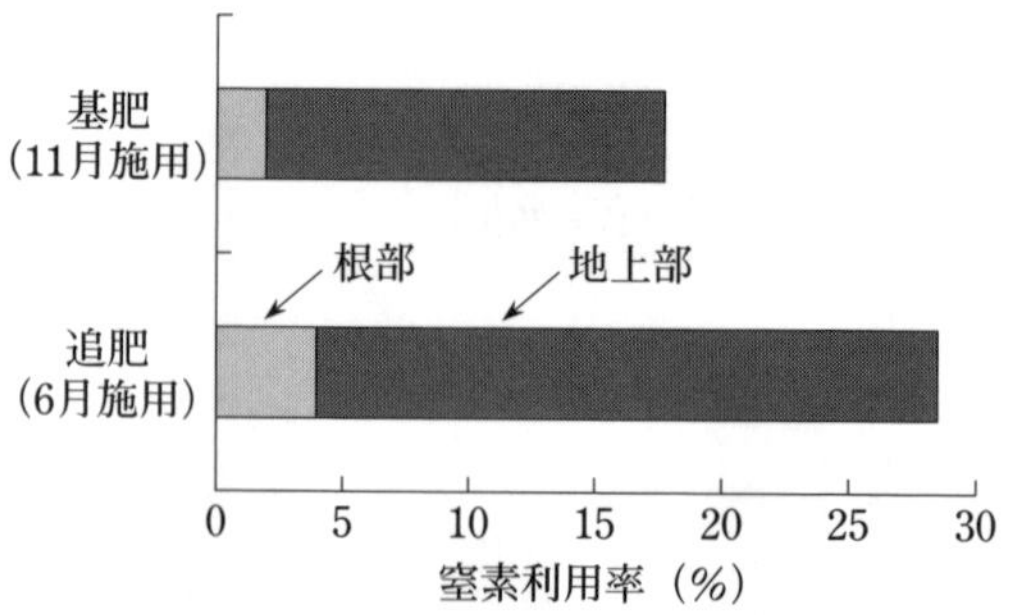

図1－9 '幸水'の施肥時期のちがいによる窒素利用率

（長野南信試，宮下）

料利用率を求めるには多くの労力を要するため、今まで十分な検討がなされてこなかった。

宮下（長野南信試）はニホンナシ'幸水'の二五年生の成木を用いて、重窒素でラベルした肥料を施用し樹の解体調査を実施して、施肥窒素の生育ステージ別利用率の貴重なデータを明らかにしている。これによると、落葉後の十一月施用の基肥窒素は約一八％、六月施用の追肥窒素は二八％となり、落葉後よりも果実肥大初期の生育旺盛期で明らかに窒素利用率が高くなっている（図１―９）。これまでは、ニホンナシ'幸水'は基肥重点で収穫期まで追肥をしないこともあったが、最近では生育期の追肥を重視する方向に変わってきており、窒素利用率のデータはこれを裏付けている。

ニホンナシの例でわかるように果樹は野菜以上に肥料利用率が低い。この原因には、ニホンナシ、モモ、ウメなどの落葉果樹は四～五ｍの等間隔に植え付けられ、全面表層施肥で、主幹から離れた位置にも均一に施肥されることも大きいと考えられる。主幹から離れた場所では、主幹の近くにくらべて細根量が少ないため肥料利用率が低下し、未利用の窒素はやがては園地外に流亡するようになる。

③肥料を増やしても増収しない

温州ミカン、ブドウ、リンゴなどでは、窒素過剰になると直接果実に障害が発生しやすくなるため、生産者も過剰な施肥をひかえるようになり、おのずと上限の施肥量も決まってくる。これに対して、ニホンナシの施肥基準は二〇～二五kg／一〇aと他の樹種にくらべ窒素施肥量が多い。窒素過剰による外観からの直接的な果実障害の発生はみられず、収穫期が二～三日遅れる程度なので、多収をねらって四〇kg／一〇a前後の窒素施肥を行なっている実態もある。

現地園で、六月から八月上旬の果実肥大期にあたる三カ月間の表層から四〇cmまでの主要根群域の無機態窒素含量と収穫した果実の糖度をみると、土壌の窒素含量が高いと果実糖度が低下し、両者の間には有意な関係がある。高品質な果実生産のためには、果実肥大期の窒素含量を三mg／一〇〇g以下の水準に維持していく必要がある（図1―10）。

実際には多肥栽培を行なっても増収に結びつくことは少なく、基準施肥量を遵守しながら、開花数を制限する摘蕾、結実後の早期摘果、受光体制を良好にする枝の管理などによって安定生産をはかっていくことが重要である。

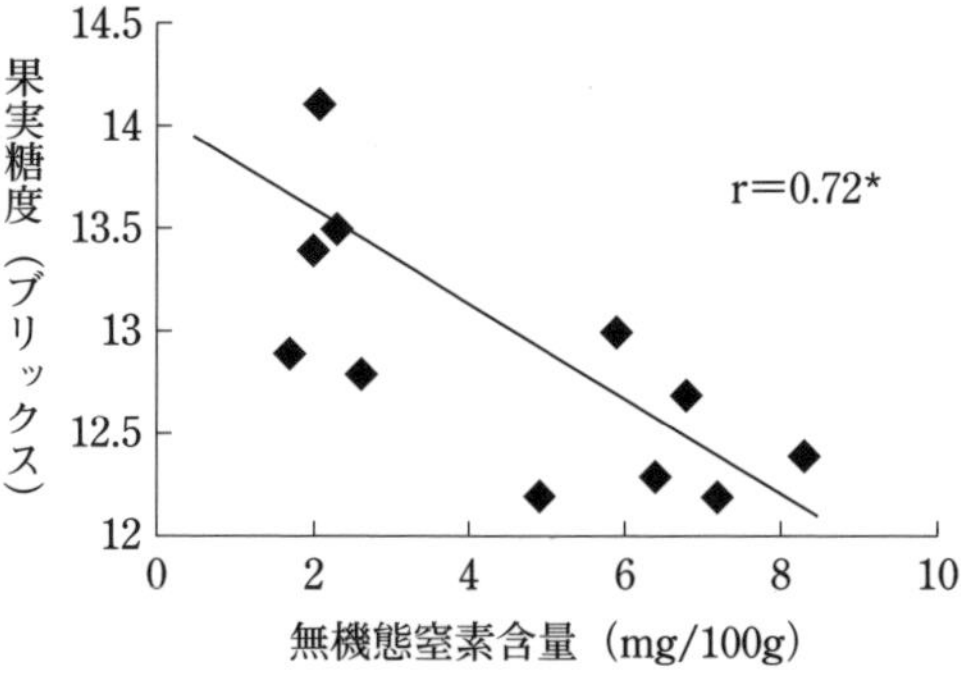

図1―10　ニホンナシ園の無機態窒素含量と果実糖度の関係

第2章

リアルタイム診断技術の開発

1 動的な養分を対象とした診断手法の開発

従来の土壌診断、栄養診断は各養分の過剰、不足による障害の判定や、次作の施肥管理の指針を示すことが主目的であり、栽培期間中の動的な養分の診断は対象としていない。

また、資料調整や測定にも多くの時間を要し、診断結果が得られても作物は常に生育しているので、手遅れになることもあり、即断的な診断結果が求められる栽培期間中の診断には十分に対応できない側面がある。

栽培期間中は作物の生育にかかわる動的な土壌養分や、作物体養分を把握する的確な方法が確立されていないことから、経験的な判断により追肥の必要性の有無や追肥量を決めているのが現状である。

野菜などの園芸作物は、著しい養分過剰や欠乏は葉色や生育状況から判断できる。しかし、過剰症や欠乏症が現われる前の段階で、適正から過剰になる境界域あるいは適正から欠乏になる境界域のときは、外観から栄養状態を知ることは困難である。

外観に現われなくても生育が不安定になることもあり、現実の栽培の多くがこのような状況におちいっていると考えられる（図2―1）。

このため、むだのない効率的な施肥管理を行なうには、栽培期間中の動的な土壌養分と作物体養分を簡易に測定し、新しく設定した診断基準値と照らし合わせて追肥の要否を判断する、リアルタイム診断法の開発が必要である。

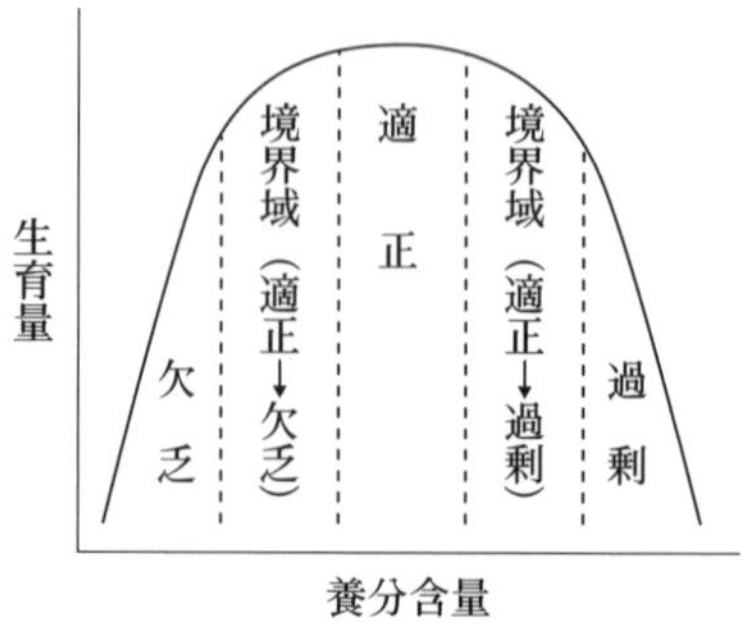

図2―1　養分の過剰・欠乏の概念図

2　どのような作物を対象とするのか

リアルタイム診断の対象となる園芸作物はどのようなものか。

ホウレンソウ、コマツナなどの葉物類は栽培期間が短く、基肥のみで栽培されることがほとんどであり、通常の施肥管理では追肥をすることが少なく、リアルタイム診断に対する要求度は高くない。葉物類は年間に四～五作続けて栽培することもあり、多くの場合、前作の肥料養分も土壌中に残存しているので、生育期間中の診断よりも播種前の土壌養分の診断が大切である。第1章のＥＣ値の項で述べたように、栽培前の土壌の硝酸態窒素含量を簡易な方法で測定し、その含量に基づいて窒素の過不足が生じない適正な施肥管理を行なうことが必要である。

キャベツ、ハクサイなどの葉菜類は、葉物類にくらべ栽培期間が長く、実際の栽培でも基肥の他に一回程度の追肥が行なわれている。このため、急激に養分吸収量が増加する結球開始初期ころを目安にして、土壌または作物体の硝酸イオンを指標にした追肥要否の判定のための、診断技術の開発が求められる。

果菜類、切り花類は栽培期間が長く、基肥の他に数回の追肥を実施するので、施肥量が他の園芸作物にくらべて多い。さらに、主に施設で栽培されるため残存養分が蓄積しやすく、土壌養分や作物体養分を適正に維持していくには、追肥要否を判断するための一定の基準が必要である。このため、リアルタイム診断への要求度は園芸作物のなかではもっとも高く、実際に果菜類、花き類を対象に葉柄汁液、土壌溶液の硝酸イオンの基準値が設定されつつある。今後とも各地域の主要な作型について診断基準値を明らかにし、むだのない効率的な施肥管理技術を確立していく必要がある。

果樹は根域が広いため、追肥を行なっても反応が鈍くすぐに現われにくいが、なかにはイチジクのような野菜的な樹種もあること、また養分不足のときは速効的な効果をねらって葉面散布が行なわれるので、樹体栄養を判断するための診断技術は必要である。

3　リアルタイム診断成立条件と基準値設定の考え方

(1)　リアルタイム診断のための三つの条件

栽培期間中に必要とされる診断技術は、栽培現場で土壌養分や作物体養分が簡単に測定でき、すぐにその結果を施肥管理に生かすことのできるリアルタイム診断法である。しかし、このような診断法が栽培現場で用いられるようにするには、次のような三つの方法を明らかにする必要がある。

①簡易に土壌養分や作物体養分を採取する方法

②高品質・安定生産に結びつく土壌養分と作物体養分の診断基準値の作成

③生産者でも簡単に、また安価に測定できる土壌溶液と作物体養分の簡易測定法の開発

以上のことによって、はじめて栽培している作物がどのような栄養状態にあるのか、どのような土壌養分の条件下で生育しているのかを判断でき、土壌養分と作物体養分を適正な状態に維持するための、むだのない効率的な施肥管理技術を確立することができる。

従来の土壌診断、栄養診断では、土壌養分、作物体養分の適正値と過剰や不足となる含量が示されており、それによって次作からの改善対策や適正な施肥管理を行なうための指針を示すことができた。しかし、リアルタイム診断は測定する養分の採取方法が異なることや動的な養分の測定を対象としているので、今までの基準値を適用することができず、新たな診断基準値の作成が必要である。

(2)　基準値設定の考え方

リアルタイム診断の基準値は、後述する作物体養分や土壌養分の新しい採取法にしたがって、作物の生育・収量と作物体養分、土壌養分の関係から作成していく。土壌養分と作物体養分は密接な関係にあり、施肥によって土壌養分が多くなると作物体養分も多くなり、作物の生育・収量は増加する。しかし、一定含量以上になると、作物の生育・収量は緩やかな曲線となり、最大に到達した後は平衡状態に、さらに含量が多くなると濃度障害のため生育・収量が減少してくる（図2―2）。

このような過剰養分に対する反応は果菜類の種類によっても異なり、耐肥性の強いナス、キュウリでは土壌養分が多くなっても急激な収量低下は示さないが、耐肥性の弱いイチゴではすぐに収量低下が生じる。いずれにしても、最大の生育・収量に到達して、それ以上増収しない状態になると、土壌中では養分の富化や蓄積が起こり、効率的な施肥管理に結びつかなくなる。

このため、リアルタイム診断の基準値の作成にあたっては、園芸作物の生育・収量が最高に到達した前後の体内養分、土壌養分の値を明らかにしていくことになる。

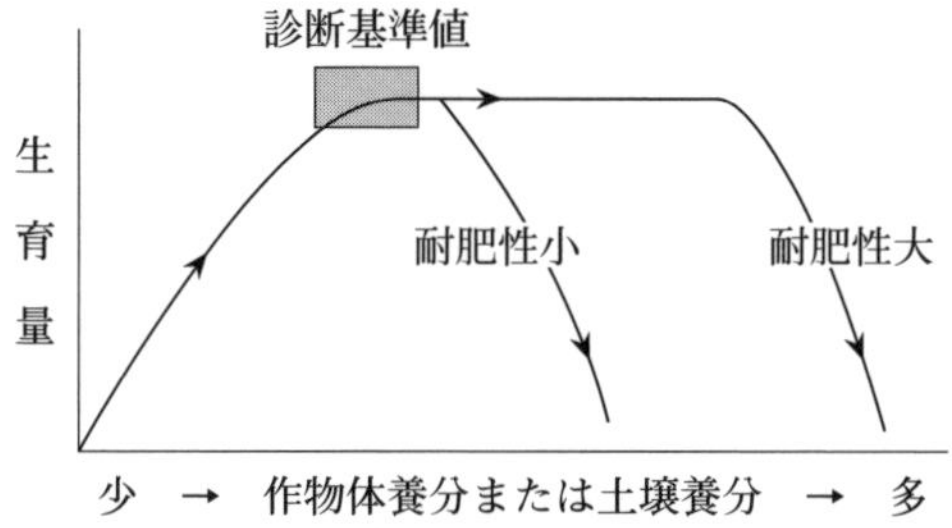

図2―2 生育量と作物体養分・土壌養分との関係

(3) なにを診断指標とするか

リアルタイム診断は即断的な結果が求められるため、測定の容易さ、簡便さから判断すると、作物体や土壌中の水溶性の窒素、リン酸、カリ、苦土（マグネシウム）、石灰（カルシウム）などの無機養分が対象となる。このなかで窒素は、園芸作物の生育ともっとも深いかかわりがあるため優先度が高く、窒素の指標として硝酸イオンを測定する。

その理由は、①畑地での無機態窒素は施肥直後を除いてその多くが硝酸態であること、②野菜などの園芸作物は好硝酸性であり、硝酸イオンの形で窒素を吸収することが多いこと、③体内中の硝酸イオンは窒素過剰になると多量に蓄積するが、窒素不足になると急激に低下し、栄養条件によって大きく変動するため診断の指標になりやすいこと、があげられる。このように、硝酸イオンは畑地では土壌、作物体の窒素の動きの中心をなすもので、窒素の診断指標として最適である（図2―3）。

さらに、硝酸イオンの測定は以前から簡易な方法があったものの、煩雑で正確な値が得られなかったが、最近になって正確に測定できる方法が開発された。

土壌中の硝酸イオンはこれから吸収されようとするもの、体内中の硝酸イオンはすでに吸収されたもので、同じ

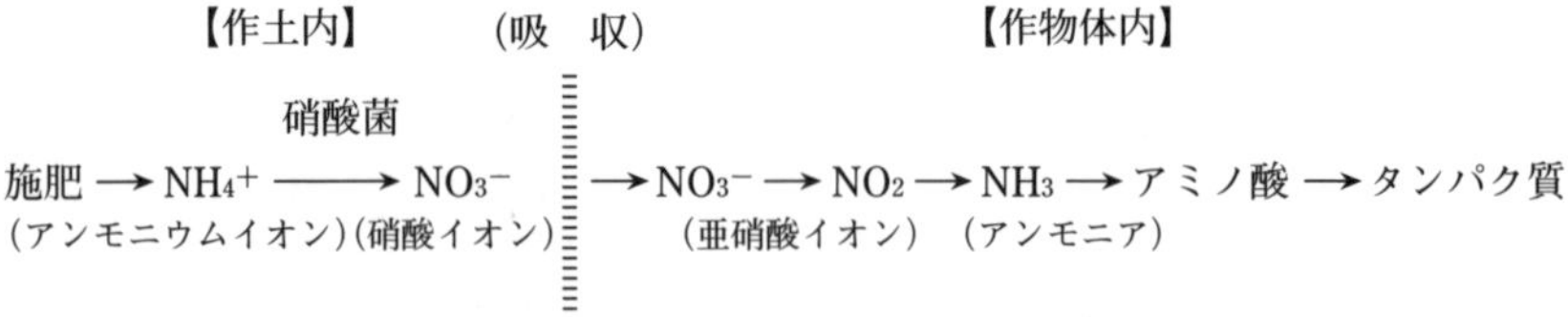

図2―3　土壌，作物体内での窒素の動き

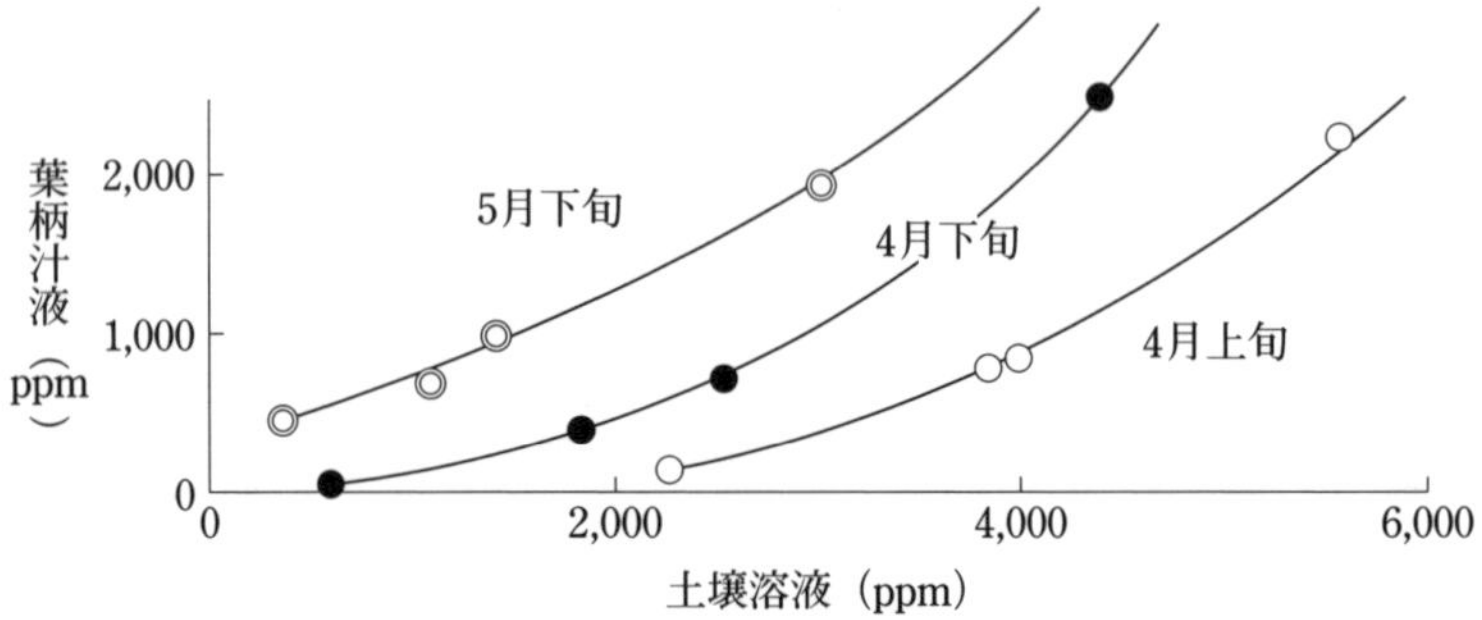

図2―4　土壌溶液と葉柄汁液の硝酸イオン濃度の関係

硝酸イオンであっても時間差がある。しかし、キュウリを対象に土壌と体内中の硝酸イオンをみると互いに密接な関係がある。施肥による窒素の作物体内中への移行は二〜三日かかるが、大幅な日数の差ではないので、リアルタイム診断は土壌と作物体のどちらを対象にしてもよいと判断される（図2—4）。

4　リアルタイム診断のための簡易測定器具

土壌診断や栄養診断の結果が早く得られれば、施肥管理をより迅速に行なうことができる。このため、診断はその操作が簡単で短時間でできることが望ましく、最近になってリアルタイム診断に適した簡易測定器具が出回るようになってきた。

(1)　メルコクァント硝酸イオン試験紙

メルコクァント硝酸イオン試験紙は、細長くて薄いプラスチック板の二カ所に紙が貼り付けてあり、上は亜硝酸イオン、下は硝酸イオン用である。測定原理は、試験紙に付着してある試薬が、検液中の硝酸イオン、亜硝酸イオンとの反応によってアゾ化合物を生成して赤紫色に発色し、硝酸、亜硝酸イオンの濃度差によって色調に濃淡が現われることによる。

試験紙が入った筒の外側には〇、一〇、二五、五〇、一〇〇、二五〇、五〇〇ppmの発色値を示すラベルが貼り付けてある。

測定法は非常に簡単で、検液の中に一～二秒間試験紙を浸し、余分な水を切って一分後試験紙の発色値のラベルと見くらべて数値を求めるもので、ラベルの中間値を読み取ることもできる。測定法としては半定量であるが、なれれば高い測定精度を得ることができ、試験紙の値段が一枚五〇円と安いことも大きな利点である。常温では劣化しやすいため、冷蔵庫に保管する必要がある（図2―5）。

測定で注意することは、検液の硝酸イオン濃度が一〇〇ppm以上になると正確な値が得られないので、測定精度を高めるために検液を蒸留水で希釈して一〇〇ppm以下にすることである。特に、葉柄汁液のように、硝酸イオン濃度が二〇〇〇～五〇〇〇ppmと高いときは、汁液を五〇～一〇〇倍に希釈して測定する。

(2)　RQフレックスシステム

長さ二〇cm、幅八cmで重さが二七五gのRQフレックス（反射式光度計）と、硝酸イオン、リン酸イオン、カリウムイオン、アスコルビン酸などの約三〇成分を定量的に測定できる試験紙がセットになっている。測定方法は、最初に試験紙に付属しているバーコー

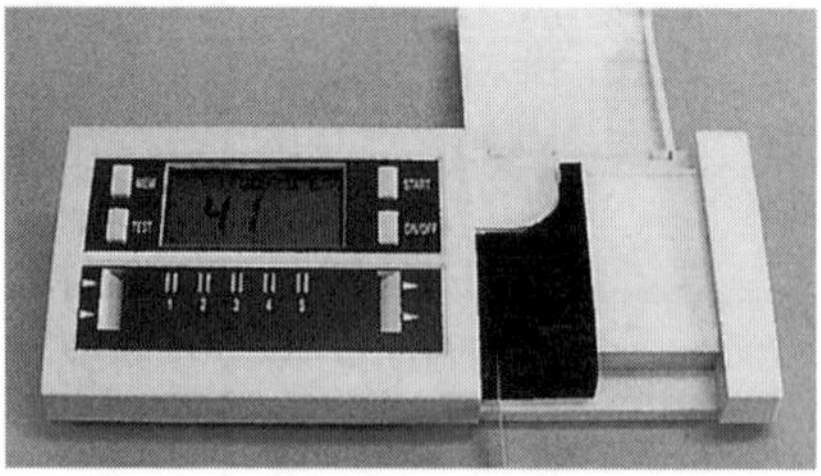

図2―6　RQフレックスによる測定

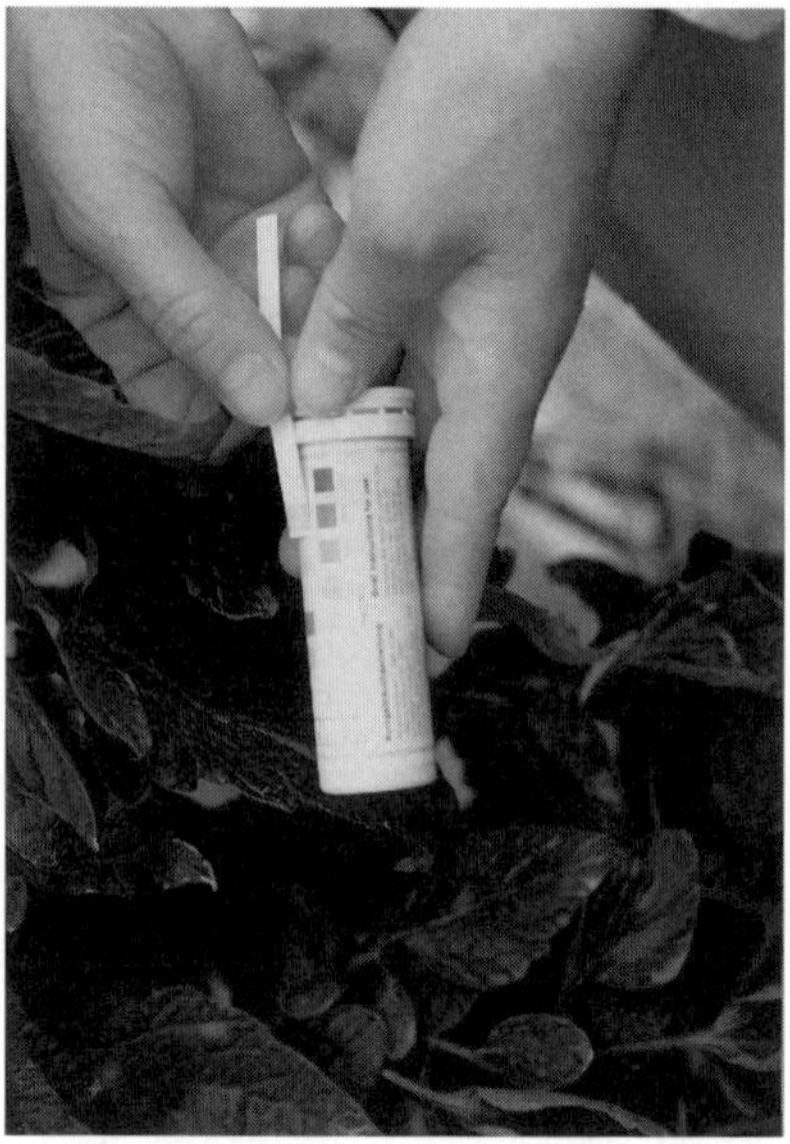

図2―5　メルコクァント硝酸イオン試験紙による測定

ドをRQフレックスに挿入して測定項目、検量線、試験紙のロット番号を記憶させる。

　次に、スタートボタンを押すと反応時間が表示される。試験紙を一～二秒間検液に浸して再度スタートボタンを押し、反応時間終了五秒前を知らせるアラーム音が鳴ったら試験紙をアダプターに挟み込み、反応時間終了後に測定値が画面に表示される（図2―6）。

　硝酸イオンの反応時間は六〇秒で、測定原理はメルコクァント硝酸イオン試験紙と同様に、アゾ化合物によって赤紫色に発色したリフレクトクァント硝酸イオン試験紙に光を当て、もどってきた反射光の強度を測定し、数値化するものである。

　リン酸イオン、カリウムイオンのように、測定する成分によっては検液のなかに付属の試薬を加えた後、試験紙を検液に浸す場合もあり、やや測定操作が煩雑になるが高い測定精度が得られている。リンの測定手順を図2―7に示す。

　また、野菜のビタミンC（アスコルビン酸）は品質評価の一つとして主要な指標になり、RQフレックスはビタミンCを簡易に測定できる利点がある。最初に、野菜を細断してすり鉢に入れ、ビタミンCの変質を防ぐためメタリン酸という試薬を加えて表2―1の手順で測定する。ビタミンCは酸化型と還元型があり、この方法では還元型しか測定できないが、野菜では還元型が全含量の八割前後を占めている。したがって、還元型ビタミンCを指標にした野菜の品質評価はできると考えられる。

千葉、上山（宮城農・園研）は、測定適温（二五℃）より高い温度では発色が速くなり、測定値が実濃度より高くなること、また測定適温より低い温度では測定値が実濃度より低くなる。そして、この変動は成分によって異なり、リン酸イオンは液温による差は少ないが、硝酸イオンは低温での測定値のフレが大きいことを示している。本結果を考慮すると、硝酸イオンの場合、液温一五℃では二〇%、二〇℃では一〇%程度高く換算して測定値とする必要がある（表2―2）。

付属の測定容器の5mlの位置まで検液を入れる
（汁液では20～30倍に希釈）
↓ ←― 付属の試薬を10滴加え，混合
検液に試験紙を2秒間浸し，同時にスタートボタンを押す
↓ ←― 反応時間90秒
反応終了5秒前に試験紙をアダプターに挟み込む
↓
反応終了後に画面表示

図2―7　RQフレックスによるリンの測定手順

注　PO_4^{3-}（リン酸）として測定されるため，P（リン）に換算するには測定値に0.326を乗じる

表2―1　ビタミンC（アスコルビン酸）の簡易測定方法

一定量の野菜を細断してすり鉢に入れる
↓
ただちに採取量の 5 ～ 10 倍の 5%メタリン酸を加える
↓
十分に摩砕後，ろ過を行なってろ液を採取
↓
アスコルビン酸測定用の試験紙を 1 ～ 2 秒間検液に浸し
RQ フレックスにより 15 秒後に測定
↓
〈換算例〉測定値からの換算（ppm）
20g に 80ml のメタリン酸では測定値に 5 を乗じる
20g に 180ml のメタリン酸では測定値に 10 を乗じる

表2―2　硝酸イオン（水溶液）の液温別の測定値

（宮城農・園研，千葉・上山）

試料の液温	回帰式	相関係数
12℃	y ＝ 0.754 x － 0.20	0.998
16℃	y ＝ 0.831 x － 2.68	0.999
20℃	y ＝ 0.879 x ＋ 0.38	0.992
25℃	y ＝ 0.998 x ＋ 1.67	0.998
30℃	y ＝ 1.059 x － 0.55	0.999

注　y：測定値，x：標準液濃度

(3) 硝酸イオンメータ

硝酸イオンメータは長さ一七cm、幅三cm、重さが約五〇gの小型の測定器具である。先端部分に、硝酸イオンを感知する平面センサが組み込まれており、土壌専用と作物体専用の二つの機種がある（図2―8）。

図2―8　硝酸イオンメータ

土壌専用では、測定前に標準液で一点校正（硝酸イオン三〇〇ppm）か二点校正（硝酸イオン三〇ppm、硝酸イオン三〇〇ppm）を行なう。土壌に蒸留水を加えて得た抽出液（土：水＝一：五重量比）を本体のセンサ部分にのせ、測定ボタンを押して測定値が安定すればニコニコマークの点灯とともに測定値が表示される。硝酸イオンの測定レンジは三〇～三〇〇ppmの範囲である。

作物体専用についても、測定前に標準液で一点校正（硝酸イオン五〇〇〇ppm）か二点校正（硝酸イオン三〇〇ppm、硝酸イオン五〇〇〇ppm）を行なう。にんにく搾り器で得た搾汁液を直接本体のセンサ部分にのせ、土壌と同様な方法で測定する。作物体用は、メルコクァント硝酸イオン試験紙、RQフレックスにくらべ、硝酸イオンの測定レンジが一〇〇～九九〇〇ppmと広いため、搾汁液の希釈操作を行なわなくても測定できる利点がある。

本機種はコンパクト硝酸イオンメータ（カーディC-141型）の改良型で、特徴として、①土壌抽出液と作物体汁液とはその液組成が異なるため、土壌専用と作物体専用の二機種に分けたこと、②校正方法を自動校正としたこと、③装置全体を防水構造として洗浄が楽になったこと、そして④硝酸イオンを硝酸態窒素（kg／一〇a）に換算する機能（土壌用の場合のみ）が備わっていることがあげられる。

リアルタイム診断のための簡易測定法としては以上の三種類があり、それぞれの測定器具には長所、短所があるが、価格、測定精度、汎用性などを判断して適する器具を選んでいく必要がある。最後に、簡易測定器具の取り扱い方法、留意点を表2―3に示した。

表2−3　簡易測定器具の取扱い方法

器具名	取扱い方法	保管方法	定　価
メルコクァント硝酸イオン試験紙	100ppm 以下になるように蒸留水で希釈後，試験紙を1～2秒間検液に浸し，1分後にその色調から硝酸イオン濃度を読み取る	冷蔵庫	100 枚入り 5,000 円
RQ フレックス（反射式光度計）	RQ フレックスと試験紙がセットになった測定システムで，硝酸イオンでは検液を 200ppm 以下に希釈後，試験紙を1～2秒間浸し，1分後に試験紙の色調を RQ フレックスが読み取り濃度表示される	試験紙は冷蔵庫	RQ フレックス：90,000 円 〔試験紙〕 硝酸イオン：50 枚入り 4,600 円 アスコルビン酸：50 枚入り 4,600 円 リン酸イオン：50 枚入り 7,400 円
硝酸イオンメータ	土壌，作物体専用の2機種があり，測定前に校正液で補正後，平面センサの上に土壌抽出液，作物体汁液をのせ，測定ボタンを押すと濃度表示される	常温	〔販売予定価格〕 土壌用：38,000 円，作物体用：45,000 円，硝酸イオン電極：10,000 円

注　メルコクァント硝酸イオン試験紙，RQフレックスは関東化学（03-3663-7631），硝酸イオンメータは堀場製作所カスタマーサポートセンター（0120-37-6045）に問い合わせる

第3章

リアルタイム診断による施肥管理

1　リアルタイム栄養診断

〈果菜類〉

(1)　作物体養分の採取方法

①作物体の測定部位

リアルタイム診断は即断的な結果が求められるため、測定は作物体養分を簡単に採取できる部位が望ましい。葉柄と葉身を比較すると、葉柄は多汁質であり汁液を採取しやすいのに対し、葉身は汁液量が少ないうえ葉緑素によって濃緑色となり、誤差を生じやすい。さらに、診断指標となる硝酸イオンは、葉身よりも葉柄のほうが含量が多いので、葉柄が測定部位として適している。

汁液は、葉柄を一cm前後に細断して、にんにく搾り器で圧搾して採取する方法がもっとも簡便である（搾汁液法）。しかし、イチゴのように葉柄が硬くてにんにく搾り器で汁液を採取しづらいときは、やや煩雑になるがすり鉢または乳鉢に一定割合の葉柄と蒸留水、たとえば葉柄一gに蒸留水九mlを加えて摩砕すれば、葉柄汁液の一〇倍液が得られる（摩砕法）（図3—1、図3—2、表3—1）。

②葉柄の採取位置

葉柄を採取するときにもっとも注意することは、葉柄の着生部位によって汁液中の養分含量が異なることであ

①葉柄を1cmくらいに細断する

②にんにく搾り器で汁液を採取する

図3—1　搾汁液法による葉柄汁液の採取

る。

　キュウリ（摘心栽培）についてみると、早く展開した主枝の下位葉と遅く展開した上位葉を比較すると、葉柄汁液の硝酸イオン濃度は古い葉である下位葉で常に高く、収穫時期によっても異なるが最大で三倍程度の差がみられる。主枝二〇節で摘心した本試験では、一四～一六節の葉の葉柄汁液の硝酸イオン濃度が、全収穫期間を通して変動幅が少なかった（図3―3）。この位置の葉は、光合成の活動中心葉であるとともに、目の高さで採取しやすいので、採取部位として適している。

　また、キュウリでは主枝の葉の基部から側枝が伸長してくると、過繁茂になるため側枝の発生した節の葉を摘葉するのが一般的な管理法である。主枝一四～一六節の葉の葉柄とそこから伸びた側枝第一葉の葉柄の硝酸イオンを比較するとほぼ同濃度なので、主枝の葉が摘心されたときは一四～一六節の側枝第一葉を用いるようにする。

　イチゴ、ナスでは、最新の展開葉から数えた三葉目は、前後の葉と比較し

図3―2　摩砕法による葉柄汁液の採取
一定割合の葉柄と蒸留水を加えて摩砕する

表3―1　リアルタイム診断のための作物体養分の採取方法

搾汁液法	葉柄をハサミで1cm前後に細断し，にんにく搾り器で，汁液を採取する
摩砕法	葉柄をハサミで0.5cm前後に細断し，すり鉢か乳鉢に葉柄2ｇ，蒸留水18*ml*を入れ十分に摩砕して，葉柄汁液の10倍液とする

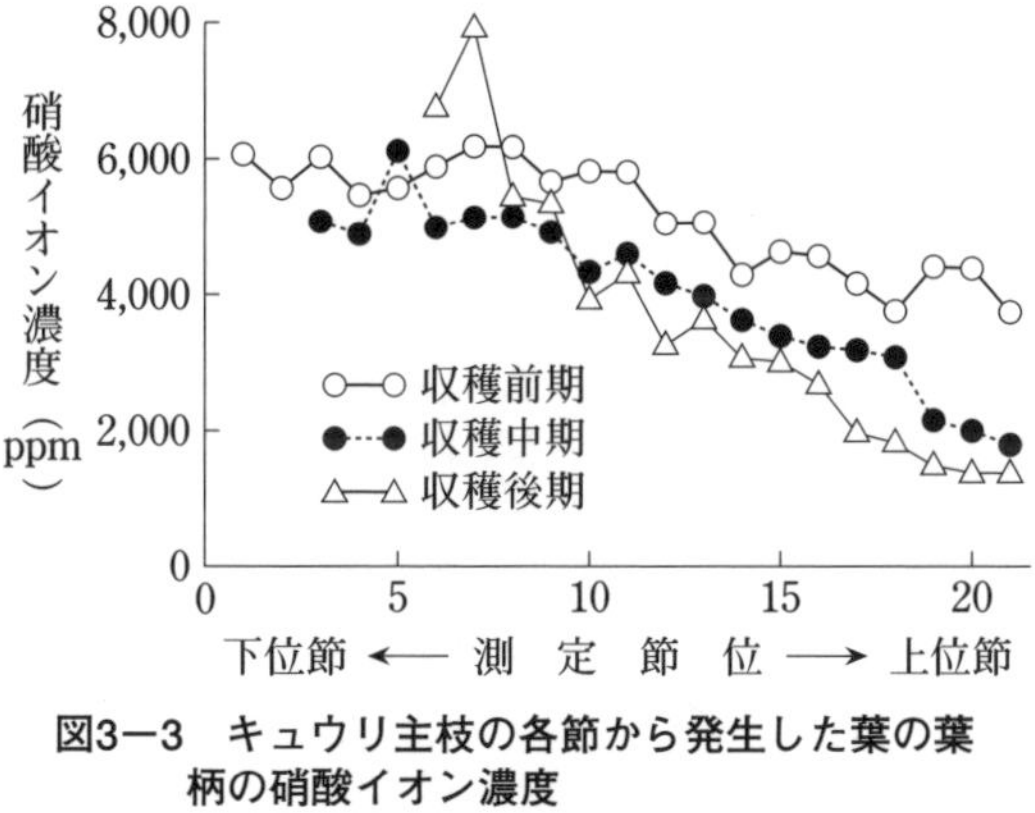

図3―3　キュウリ主枝の各節から発生した葉の葉柄の硝酸イオン濃度

表3−2　果菜類の葉柄汁液の採取方法と測定部位

果菜類名	採取方法	測定部位
キュウリ	搾汁液法	摘心栽培：主枝 14 ～ 16 節の葉の葉柄，または，これらの節から伸びた側枝第 1 葉の葉柄 つる下ろし栽培：展開葉全体の上位 3 分の 1 にある葉の葉柄
トマト	搾汁液法	ピンポン玉程度に肥大した果房直下葉の中央にある小葉の葉柄，または，第 1 果房直下葉の中央にある小葉の葉柄
ナス	搾汁液法	最新の展開葉から下 3 ～ 5 葉目の葉柄
イチゴ	摩砕法	最新の展開葉から下 3 葉目の葉柄
ピーマン	搾汁液法	最新の展開葉から下 3 ～ 4 葉目の葉柄
メロン	搾汁液法	果房直下葉の葉柄

て収穫期間を通して葉柄中の硝酸イオン濃度の差が少なく、葉面積が多く光合成の活動中心葉と考えられ、採取部位とした。

トマトでは収穫部位が下段から上段に移動するため、採取部位はそれに合わせたほうがわかりやすく、成熟果の二段ほど上のピンポン玉程度に肥大した果房の直下葉の中央部の小葉の葉柄とする（愛知農総試、山田）。なお、第一～三果房直下の葉は窒素の施肥反応をよく反映しているため、第一果房直下葉の葉柄を採取部位とする考え方もある（北海道立道南試、坂口）。

以上のように、葉柄の採取部位は各果菜類に共通したものはなく、前後の葉柄にくらべて収穫期間を通して硝酸イオン濃度の差が少ない部位であること、さらに茎葉の形態、栽培での仕立て方、果実の収穫位置などを考慮して決めていく必要があり、各果菜類の測定部位は表3—2、図3—4のように示すことができる。

③葉柄の採取時間

土壌から吸収された硝酸イオンは、そのままの形で一定時間作物体内中にたまるが、やがては酵素の働きにより低分子の窒素化合物を経てタンパク質となり、作物体を構成していく。この作用には太陽光をエネルギーとした光合成の働きが大きく関与しているため、気象条件によって左右される。光合成活動が盛んなときは、同化産物に硝酸イオンが早く取り込まれてタンパク質に変換する量が増加し、体内中の硝酸イオン濃度が少なくなることが予想される。

実際に調査してみると、葉柄汁液中の硝酸イオン濃度は曇雨天時よりも晴天時のとき、午前よりも午後になると減少することが多い。このため、正確

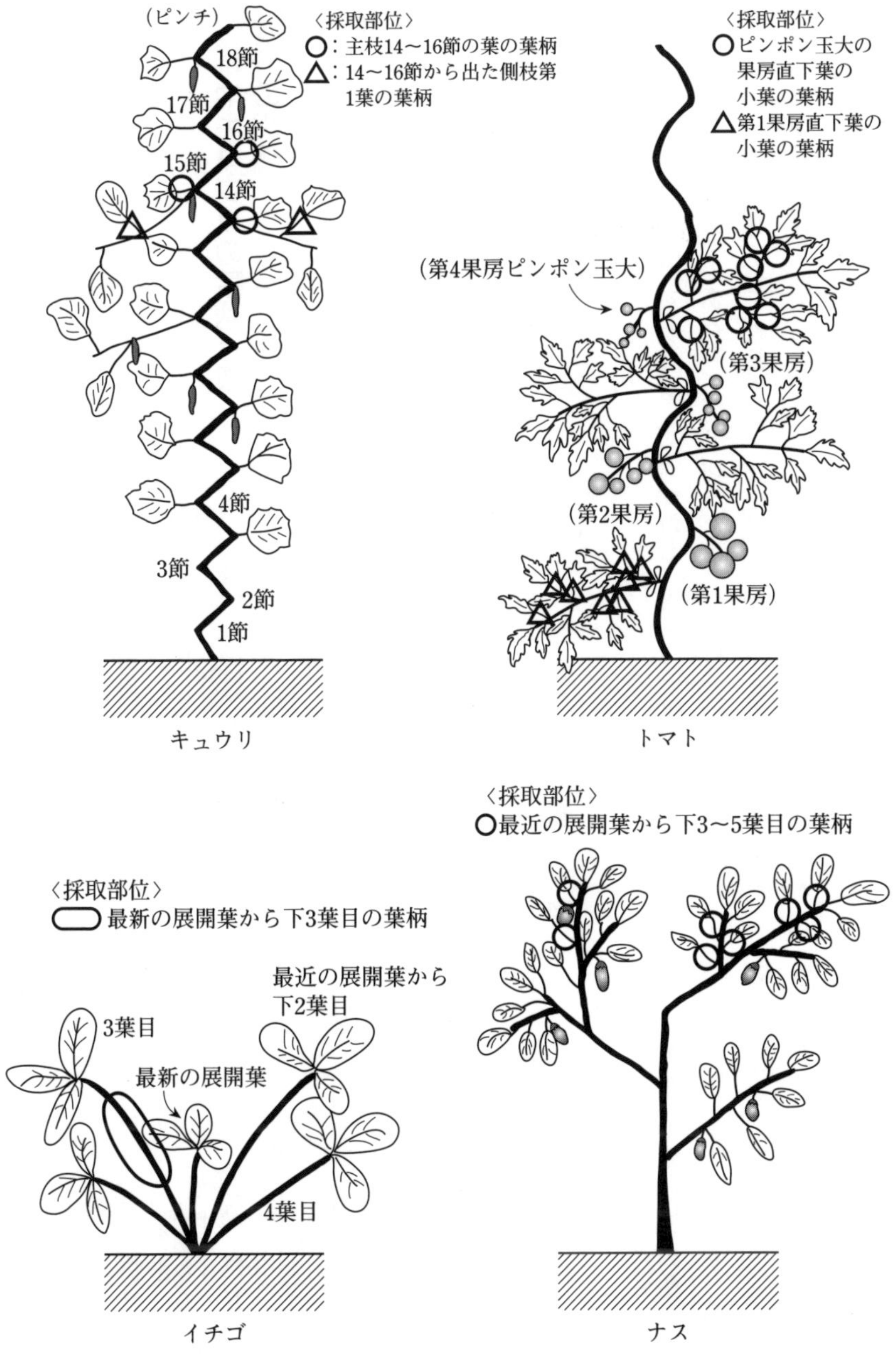

図3−4　キュウリ，トマト，イチゴ，ナスの汁液採取部位

な測定値を得るには葉柄の採取時間を決めておく必要があり、曇雨天のときは避け、晴天時の午前中に行なうようにする。

(2) 現地キュウリの葉柄汁液養分の実態

作物の施肥管理が適正に行なわれ、栄養状態が好適に保たれているなら、あえてリアルタイム診断を行なう必要がない。実際に栽培している生産者の作物の栄養状態がどのようになっているのか、各生産者によってどれだけちがっているのか、リアルタイム診断の必要性を確認するためにも、作物体養分の実態を知っておく必要がある。

半促成キュウリの三月下旬～六月下旬の収穫期間中に、主枝一四～一六節の葉の葉柄または、この節から伸びた側枝第一葉の葉柄を各生産者の施設から採取し、葉柄を一cm前後にハサミで切った後、にんにく搾り器によって汁液を得て、葉柄汁液中の硝酸イオン、カリウム（K）イオン、リン（P）イオンを測定した。

四～六月の三回の測定を通してみると、硝酸イオン濃度は平均値が三〇〇〇～三五〇〇ppmであったが、高い生産者と低い生産者では一〇倍近くの差がみられた。リンイオン濃度は硝酸イオン以上に差が大きく、高い生産者と低い生産者では一五倍以上の差がみられ

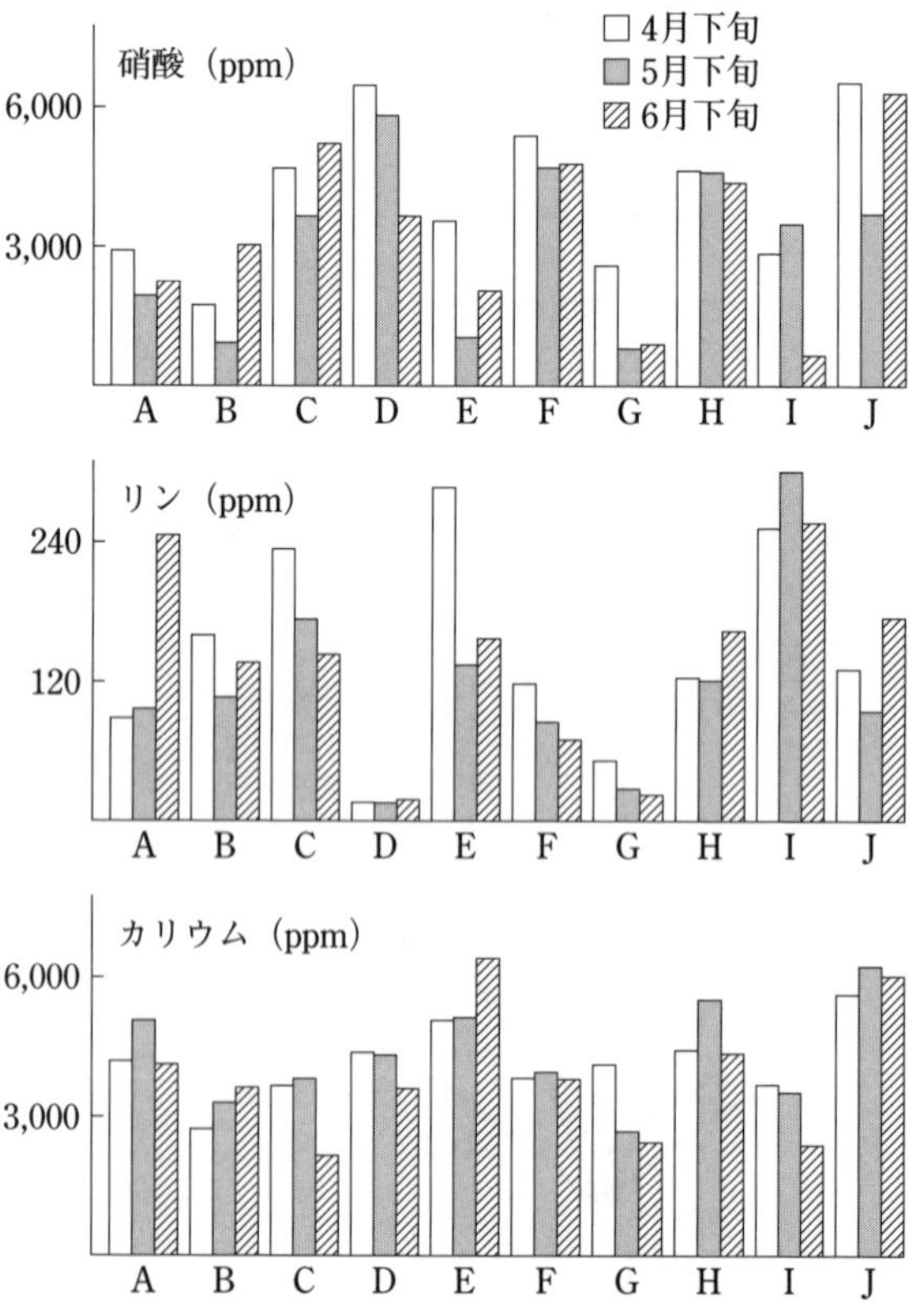

図3−5　半促成キュウリ生産者の葉柄汁液の養分濃度
注　A～Jは生産者

た。カリウムイオン濃度は硝酸イオン、リンイオンにくらべて生産者間の差は少ないが、それでも常に二〜三倍の差があり、各養分ともに生産者によって大きく異なることがわかる（図3—5）。

葉柄汁液中の硝酸イオン濃度を各生産者ごとにみていくと、収穫期間中に常に高く経過する生産者、低く経過する生産者、さらに高くなったり低くなったり大きく変動する生産者などさまざまである。これは生産者によって基肥や栽培期間中の追肥などの施肥方法、有機質資材の種類や施用量などの土壌管理方法が大きくちがっていることの反映としてみることができる。硝酸イオンが高く経過したC生産者、D生産者が、他の生産者より生育・収量が優っていることはなく、窒素の適正域を超えて過剰になっていると判断できる。

このため、キュウリの安定生産をはかっていくには、リアルタイム栄養診断のための最適値を明らかにし、必要な養分量を与える効率的な施肥管理技術を開発していく必要がある。

(3) 硝酸イオンの診断基準値

①半促成キュウリ、抑制キュウリ

《半促成栽培》

リアルタイム栄養診断のための硝酸イオン濃度の診断基準値を求めるには、はじめに窒素の基肥量、追肥量の異なった試験区から、葉柄汁液の硝酸イオン濃度と生育収量の関係を調べ、次に現地の実態も考慮して診断基準値を決めていく必要がある。

埼玉県のキュウリの年二作の主要な作型である半促成キュウリ（定植：二月中旬、収穫期間：三月下旬〜六月下旬）、抑制キュウリ（定植：八月下旬、収穫期間：九月下旬〜十一月下旬）について、施肥基準に準じて窒素施肥を行なった標準施肥区、標準施肥の半量の減肥区、標準施肥の一・五倍の増肥区を設けた。

図3—6のように、半促成キュウリでは、四月下旬以降に葉柄汁液の硝酸イオン濃度が極端に低くなった減肥区は、窒素不足のため低収量となったが、硝酸イオン濃度がもっとも高く経過した増肥区と中程度の標準施肥区では同収量であった。増肥区はこれ以上窒素を施肥しても収量が増加しない栄養状態に達しており、このときの作土中の無機態窒素含量をみると、標準施肥区は一〇〇g当たり一〇mg前後、減肥区は五mg以下、増肥区は三〇mg前後であり、増肥区では明らかに過剰な窒素が作土に蓄積していることがわかる。

果実収量と葉柄汁液の硝酸イオン濃

度の関係から、半促成キュウリの硝酸イオン濃度の適正域は標準施肥区の水準でよいと判断され、診断基準値として収穫初期の四月上旬は三五〇〇～五〇〇〇ppm、収穫中期の五月上旬は九〇〇～一八〇〇ppm、収穫後期の六月以降は五〇〇～一五〇〇ppmに設定できる。

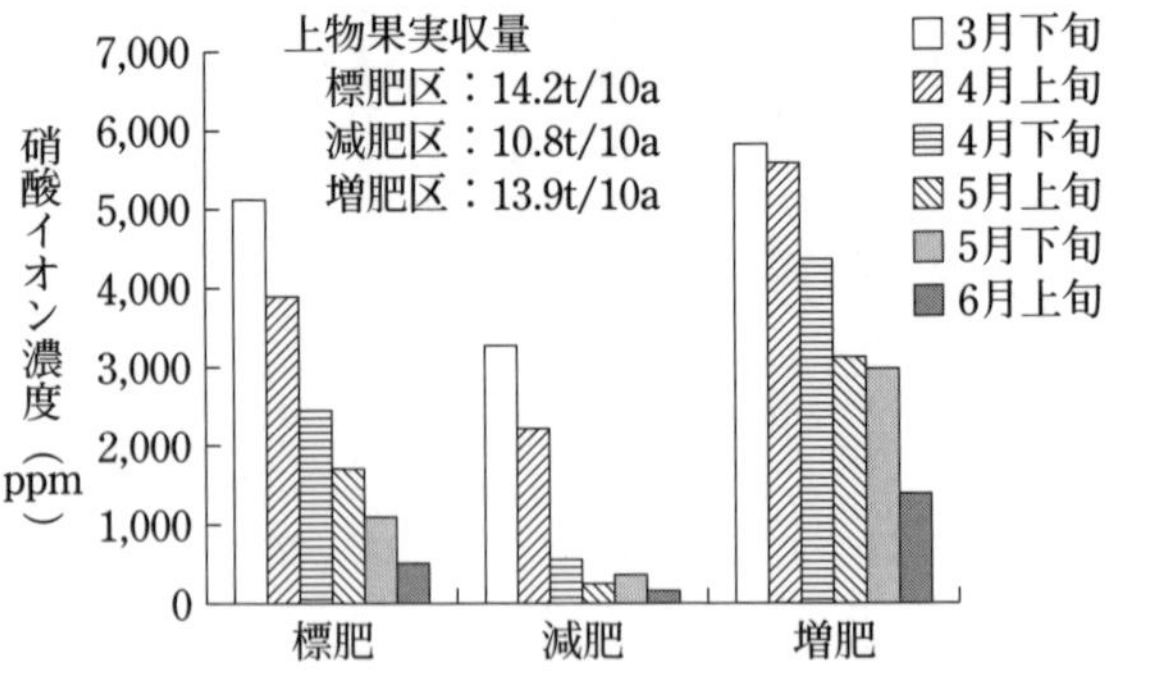

図3―6　半促成キュウリの葉柄汁液の硝酸イオン濃度と収量

《抑制栽培》

抑制キュウリについても半促成キュウリと同様な試験区を設定し、葉柄汁液の硝酸イオン濃度と果実収量の関係をみたのが図3―7である。減肥区は硝酸イオン濃度が一〇〇〇～一五〇〇ppmと収穫全期間にわたって低く経過し、窒素不足のため低収となった。これに対し、硝酸イオン濃度がもっとも高く経過した増肥区と中間の標準施肥区とでは明らかな収量差がみられない。増肥区は半促成キュウリと同様に無機態の窒素含量が多く、窒素過剰におちいっていると判断される。

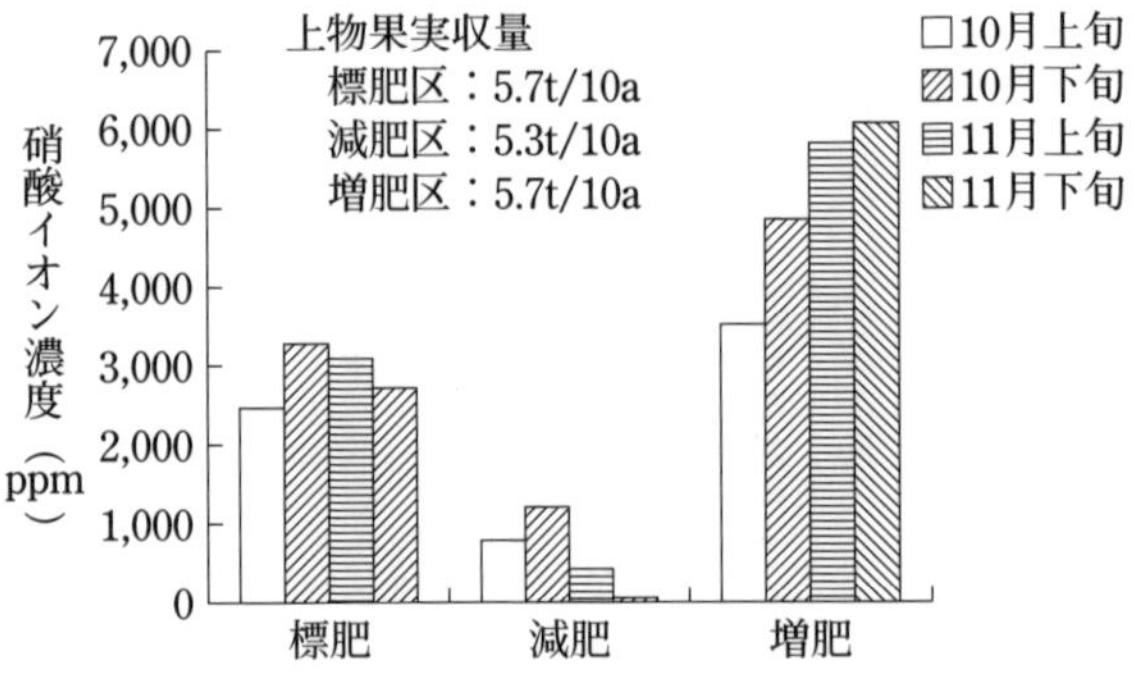

図3―7　抑制キュウリの葉柄汁液の硝酸イオン濃度と収量

診断基準値としては標準施肥区の水準でよいと判断され、葉柄汁液の硝酸イオン濃度は収穫全期間にわたり三五〇〇～五〇〇〇ppmに設定できる。

②夏秋トマト、半促成トマト

トマトについては栄養診断についても多くの取り組みがなされており、ここでは葉柄の測定部位をかえた方法で診断基準値を設定した、北海道と千葉県の研究成果を紹介したい。

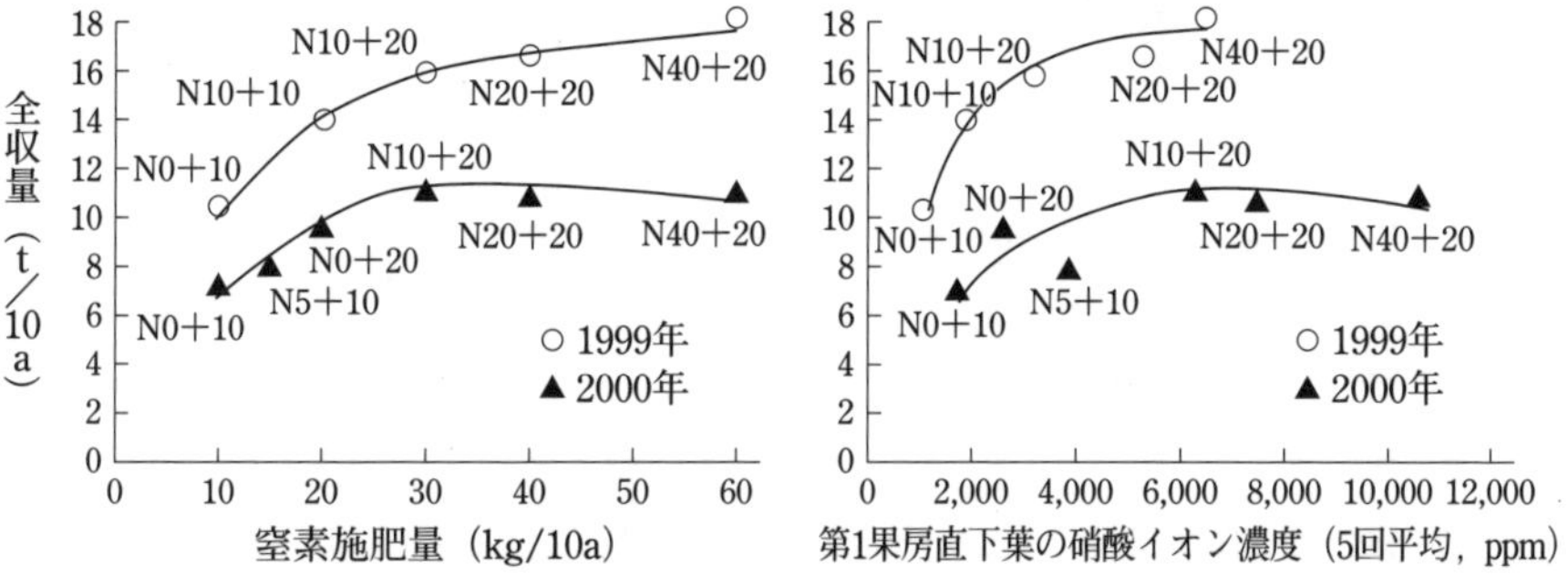

図3—8　夏秋トマトにおける窒素施肥量，硝酸イオン濃度と全収量の関係

（北海道立道南試，坂口）

注　「N0＋10」とあるのは基肥0/10a，追肥10kg/10aを示す

《ハウス夏秋どり》

北海道では冷涼な気象条件を生かした、五月中旬定植のハウス夏秋どり（収穫期間：七月上旬～九月下旬、七段収穫）が栽培されている。

最初に栄養診断を行なうための測定部位について検討し、第一～三果房直下葉の葉柄の硝酸イオン濃度は、四～七果房直下葉の葉柄にくらべて常に高く、窒素施肥量の増減に対応して硝酸イオン濃度も推移し、トマトの栄養状態をよく反映している。特に、第一果房直下葉の葉柄は窒素施肥量との相関が高いため、測定部位として適している。

次に、診断基準値を明らかにするため、基肥量、追肥量がそれぞれ異なった試験区をつくり、果実収量と葉柄汁液の硝酸イオン濃度の関係をみた。硝酸イオン濃度が六〇〇〇～七〇〇〇ppmの試験区でもっとも多収で、四〇〇〇ppm以下では減収することから、リアルタイム栄養診断のための基準値は四〇〇〇～七〇〇〇ppmに設定できる（図3—8）。

実際の栽培では、葉柄汁液の硝酸イオン濃度が四〇〇〇ppm以下の場合は即座に窒素四kg／一〇aの追肥を行ない、四〇〇〇～七〇〇〇ppmのときは通常の施肥管理を、七〇〇〇ppm以上のときは追肥をひかえることにより、残存窒素が少ない適正な施肥管理を実施できる（北海道立道南試、坂口）。

《半促成栽培》

関東の平坦地では十一月に定植し、三月から七月まで九～一四段収穫する半促成栽培が広く行なわれている。千葉県の半促成栽培（収穫期間：三月上旬～六月中旬、九段収穫）では、葉柄汁液の測定部位は、トマト肥大期の果房直下にある葉が栄養状況を反映していると判断し、ピンポン玉大に肥大した果房直下の小葉の葉柄を用いることとした。

葉柄汁液の硝酸イオン濃度は一月上旬には八〇〇〇〜一〇〇〇〇ppmになるが、その後急激に減少し、収穫始期の三月上旬から摘心処理を行なう五月下旬には一〇〇〇〜四〇〇〇ppmの範囲になる。基肥量、追肥量の異なる試験区を設けて、硝酸イオン濃度と果実収量の関係をみると、収穫始期の三月上旬から摘心処理を行なう五月下旬にかけて、硝酸イオン濃度が一〇〇〇ppm以下になると減収するのに対し、一〇〇〇〜二〇〇〇ppmを維持することにより目標収量を確保できる。リアルタイム栄養診断による追肥の目安は、一〇〇〇〜二〇〇〇ppmを下回ったときに窒素一・五kg／一〇aを行なえばよく、これにより施肥量節減よる安定生産を行なうことができる（千葉農総セ、山本）。

測定部位の実践的考え方

関東の長段どりトマトでは栽培期間が長く、過繁茂を防いだり、栽培管理を容易にする目的で収穫を終了した下位葉が摘葉されるため、測定部位が上段に移っていくことは理にかなったものである。

これに対し、北海道の夏秋トマトでは収穫果が七段までであり、収穫後も下位葉は摘葉されないため、測定部位をかえずに一定の部位に決めておくことが可能である。作型、栽培時の気象条件などが変われば栄養診断の方法も自ずと異なってくるのは当然のことであり、測定部位についても統一的なものはなく、地域の栽培条件に即して最適な部位を決めていけばよいと考えられる。

③半促成ナス、露地ナス

埼玉県ではハウスを利用した無加温の半促成栽培と露地栽培が行なわれており、ナスは果菜類のなかでも特に耐肥性が強く、多肥栽培されている実態があり、診断基準値を明らかにして過剰な施肥を是正していく必要がある。

《半促成栽培》

半促成栽培（定植：二月下旬、収穫期間：四〜七月中旬）で、初年目は標準施肥区、増肥区、二年目は標準施肥区、減肥区を設けて、最新の展開葉から下三〜五葉目の葉柄を採取して、葉柄汁液の硝酸イオン濃度と果実収量の関係を調べた。

初年目は全収穫期間にわたって、硝酸イオン濃度は標準施肥区が五〇〇〇〜六〇〇〇ppm、増肥区が標準施肥区より一〇〇〇ppmほど高く経過したが、果実収量は両区ともに同収量で、窒素施肥量のちがいによる明らかな収量差はみられなかった。二年目は標準施肥区が四〜五月に四〇〇〇〜六〇〇〇ppm、六月以降二〇〇〇〜三〇〇〇ppmに経過した。これに対し、減肥区は四月下旬までは標準施肥区と同水準であったが、五月以降に一〇〇〇ppm以下となって大幅に減少し、果実収量は標準施肥区の八〇%程度となった。

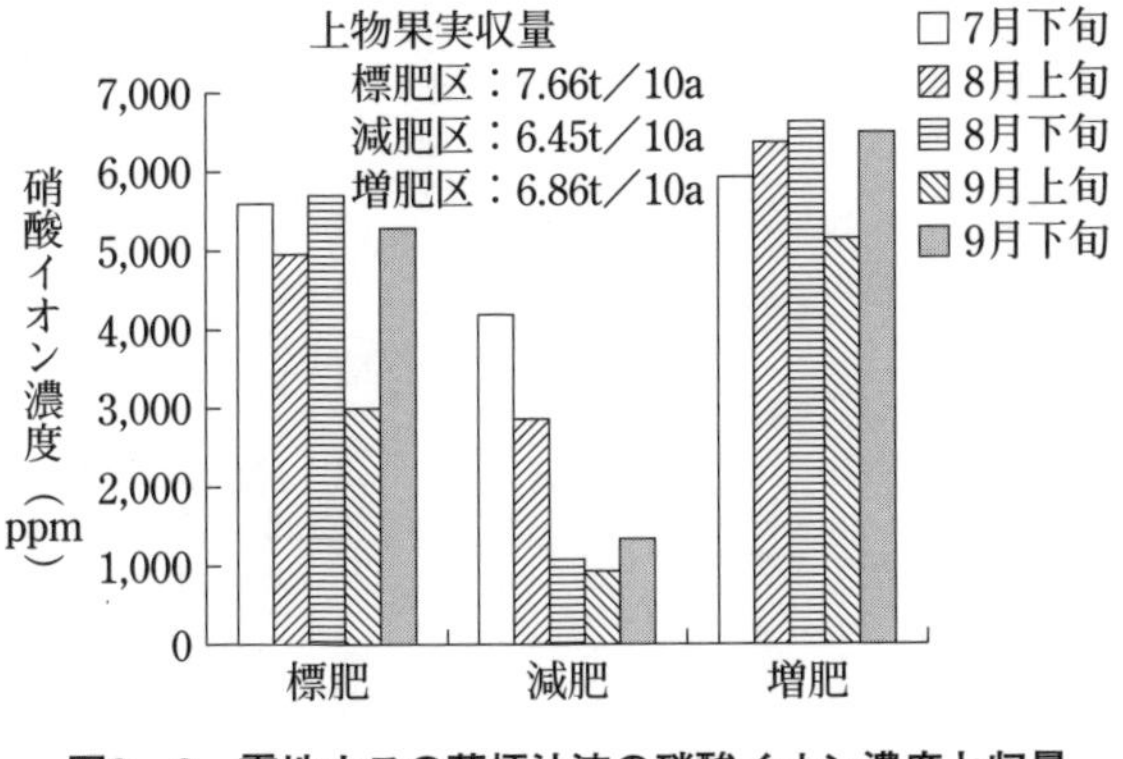

図3—9　露地ナスの葉柄汁液の硝酸イオン濃度と収量

この試験から判断すると、窒素の肥効を高めて六〇〇〇ppm以上に硝酸イオン濃度を維持しても増収することはなく、また収穫中期以降、減肥区のように一〇〇〇ppm以下に低下すると窒素不足のため減収するので、診断基準値は標準施肥区の水準で十分であり、初年目と二年目の中間値に相当する三〇〇〇〜五〇〇〇ppmの範囲になると考えられる（埼玉農総セ、山﨑）。

《露地栽培》

次に、露地栽培（定植：五月上旬、収穫期間：六月下旬〜十月上旬）ついて標準施肥区、減肥区、増肥区を設定し二作について検討した。葉柄汁液の硝酸イオン濃度は、標準施肥区が七月上旬以降、初年目四〇〇〇〜五五〇〇ppm、二年目三〇〇〇〜三五〇〇ppmになり、収量はこれより約一〇〇〇ppm程度高く経過する増肥区と同じか増収する結果になった。

減肥区は八月以降に硝酸イオン濃度が急激に低下し減収するため、診断基準値は標準施肥区の水準になると判断され、八月上旬までは三五〇〇〜五〇〇〇ppm、八月中旬以降は二五〇〇〜三五〇〇ppmの範囲に設定できる（図3—9）。

④主要な果菜類の硝酸イオンの診断基準値

葉柄汁液の硝酸イオン濃度と果実収量の関係から、キュウリ、トマト、ナスの他にイチゴ、ピーマン、メロンで、基準値設定のための検討が各地域で行なわれている。

キュウリでは最近になって上物率が高くなるつる下ろし栽培が普及しており、従来の摘心栽培とは仕立て方が異なるため、葉柄の測定部位、基準値などがちがってくる。埼玉県でのつる下ろし栽培の測定部位は、下ろしづるの展葉全体の上位から三分の一程度の位置の葉の葉柄を採取し、十二月の収穫中期以降は、硝酸イオン濃度四五〇〇ppm前後を目安に肥培管理することを明らかにしている（埼玉農総セ、塚沢）。

九州地域ではピーマンについて検討がされている。測定部位は展開葉から下三〜四葉目の葉柄とし、促成栽培は硝酸イオン濃度を五五〇〇〜七〇〇〇ppm（宮崎農総試）、夏秋栽培は生育初期に七〇〇〇ppm、栽培中期以降は五三〇〇〜六二〇〇ppmの範囲に維持することを明らかにしている（大分農技セ、影井ら）。

以上のように、同一の果菜類でも地域、作型によって採取部位や診断基準値が異なることも多く、各地域の主要な作型で基準値を示していく必要がある。今までに明らかになった、主要な果菜類の硝酸イオンの診断基準値を示すと表3―3のようになる。

（4）診断基準値と作型・品種

①作型によって変わる

半促成キュウリと抑制キュウリでは硝酸イオンの基準値が異なっており、作型によるちがいがみられ、その原因として次のことが考えられる。

半促成キュウリの収穫期間は春から初夏に向かう時期であり、日射量、日照時間、気温が徐々に増加し、これにともなって光合成活動も活発になる。このため、月当たりの果実収量も四〜五t／一〇aとなって、キュウリの生育量は旺盛となる。土壌から吸収した硝酸イオンはそのままの形でキュウリ体内中に一定期間留まるが、光合成活動による同化産物が多くなると、硝酸イオンも短期間内に取り込まれて窒素化合物に変換し、体内中には硝酸イオンの蓄積量が少なくなる。

これに対し、抑制キュウリの収穫期間は秋から初冬に向かう時期で、日照時間、気温が低下し、半促成キュウリとはまったく逆の気象条件であり、光合成活動も劣ってくる。月当たりの果実収量は半促成キュウリの六〇％程度であり、土壌から吸収した硝酸イオンは、光合成による同化産物が少なくなるため、窒素化合物に変換する速度も遅くなり、キュウリの体内中に長く留まり、蓄積量も増加すると考えられる。

このようなことはトマトなどの他の果菜類にも当てはまり、一般的には硝酸イオン濃度は春〜夏にかけて低くなるが、秋以降は高く経過するようになる。

②品種がかわっても基準値は変わらない

果菜類は品種の交替が頻繁に行なわ

表3−3　果菜類の葉柄汁液の硝酸イオン濃度の診断基準値

果菜類名	作成道府県	収穫期間	診断基準値（ppm）
〈キュウリ〉			
促成	埼玉	2月下旬～6月下旬	3月上旬：3,500～5,000，4月上旬：3,500～5,000 5月上旬：900～1,800，6月上旬：500～1,500
半促成	埼玉	3月下旬～6月下旬	4月上旬：3,500～5,000，5月上旬：900～1,800 6月上旬：500～1,500
	高知	3月下旬～5月下旬	3～4月中旬：3,000～5,000，4月下旬以降：1,500～3,000
抑制	埼玉	9月下旬～11月下旬	収穫全期間：3,500～5,000
	宮崎	11月上旬～1月下旬	収穫全期間：4,500～5,000
	高知	10月中旬～12月下旬	10～12月：3,000～5,000，12月上旬以降：4,000～5,000
越冬	埼玉	11月上旬～2月中旬	収穫全期間（つる下ろし栽培）：3,500～5,000
〈トマト〉			
促成 （6段摘心）	愛知	12月中旬～2月上旬	収穫全期間：1,500～3,000
半促成 （6段摘心）	愛知	5月中旬～7月上旬	収穫全期間：1,000～2,000
促成 （12段摘心）	埼玉	2月下旬～7月上旬	1～2月下旬：4,000～5,000，3月上旬～4月下旬：2,000～3,500，5月上旬～6月下旬：1,000～1,500
半促成 （9～14段摘心）	千葉	3～6月	収穫始期（3月上旬）～摘心処理期（5月）：1,000～2,000
夏秋 （15段摘心）	愛知	7月上旬～11月下旬	7月上旬～9月中旬：4,000～6,000 9月中旬以降：3,000～4,000
夏秋 （6段摘心）	宮城	6月～10月	第1果房直下葉：5,000～7,000，第2果房直下葉：4,000～6,000，第3果房直下葉以降：2,000～4,500
夏秋 （6段摘心）	北海道	7月上旬～9月下旬	栽培全期間：4,000～7,000（注：葉柄の採取部位は全期間を通して第1果房直下葉の小葉の葉柄）
〈ナス〉			
露地	埼玉	7月上旬～10月中旬	7月上旬～8月上旬：3,500～5,000 8月中旬以降：2,500～3,500
半促成	埼玉	4月上旬～7月上旬	4月上旬～5月下旬：4,000～5,000 6月上旬以降：3,000～4,000
ハウス	愛知	4～10月	収穫全期間：4,500
半促成（水ナス）	大阪	3～7月	収穫全期間：5,000～6,000
〈イチゴ〉			
促成	埼玉	12月下旬～4月下旬	11月上旬：2,500～3,500，1月上旬：1,500～2,500 2月上旬以降：1,000～2,000
〈ピーマン〉			
促成	宮崎	10月中旬～3月上旬	収穫全期間：5,500～7,000
夏秋	大分	5～10月下旬	収穫初期：7,000，収穫中期以降：5,300～6,200
〈メロン〉			
半促成	愛知	7月上旬～中旬	定植時：3,000～4,000，開花期：2,000～3,000，果実肥大期：5,000～6,000，成熟期：2,000～3,000，収穫期：500～1,000

表3—4　キュウリの品種別の葉柄汁液の硝酸イオン濃度と葉身の葉緑素含量

品種名	硝酸イオン濃度（ppm）			葉緑素含量（SPAD値）		
	4月上旬	4月下旬	5月下旬	4月上旬	4月下旬	5月下旬
黄金女神2号	3,320	1,230	700	45	55	57
トップグリーン	2,940	1,310	380	52	61	62
シャープ1	3,440	1,280	420	53	62	72

れるため、リアルタイム栄養診断のための基準値を明らかにしても、品種がかわったら基準値を適用できないのでは診断技術としての汎用性がない。このことを実際に確かめるため、半促成キュウリの主要な品種について、同じ施肥条件で栽培し、採取葉の葉柄汁液の硝酸イオン濃度とグリーンメータによる葉身の葉緑素含量（SPAD値）を測定した。

SPAD値は収穫初期～中期と葉齢がすすむにしたがって高くなり、三品種のなかではシャープ1＞トップグリーン＞黄金女神2号の順であり、シャープ1と黄金女神2号では、外観からみた葉色にも大きなちがいがみられる。これに対して、葉柄汁液の硝酸イオン濃度は収穫後期になるにしたがって低くなるものの、全収穫期間を通して品種間による差はみられず、ほぼ同濃度で経過している。これと同様な結果は台木品種についても得られており、キュウリの葉柄汁液の硝酸イオン濃度を指標とした栄養診断では、いちど基準値を明らかにしておけば品種がかわっても適用できることを示している（表3—4）。

その他、トマトにおいても同施肥では、瑞秀、ハウス桃太郎などの三品種についても差がみられず、多くの園芸作物の場合、葉柄汁液中の硝酸イオン濃度は品種間よりも生育ステージのちがいによって影響を受けると推察される。

〈葉菜類（キャベツ）〉

葉菜類は追肥量、追肥回数が少ないこと、露地栽培であることから、施設での果菜類にくらべ栄養診断に対する要求度は高くない。しかし、葉菜類のなかでもキャベツ、ハクサイは結球初期以降から急激に養分吸収量が増加するようになり、結球初期に養分不足になると肥大が低下し減収するため、追肥の要否を判断する必要性が生じてくる。

(1) 北海道の例

北海道でのキャベツについて紹介する。キャベツでは葉柄と葉身が分かれていないため、測定部位は葉全体、測定葉位は結球部から一番目の外葉としている。外葉からの汁液はにんにく搾り器では採取できないため、煩雑になるが外葉全体をミキサーで破砕して、その搾汁液を用いる。

結球初期の外葉部の硝酸イオン濃度と収穫時の結球重の関係から判断すると、目標とする結球重（一〇〇〇〜一二五〇g）を得るための硝酸イオン濃度は五〇〇〇〜七五〇〇ppm以上となる。外葉の硝酸イオン濃度が高い場合は追肥効果が低下する。追肥効果がもっとも期待できる外葉の硝酸イオン濃度は五〇〇〇ppm以下、葉色値（SPAD）では三五以下のときである。

通常の施肥管理では、基肥窒素量として一五〜一七kg／一〇a施用し、結球初期に追肥の要否を判断するため、外葉の硝酸イオン濃度と葉色値による栄養診断を行なう。基準値以下なら五〜七kg／一〇aの窒素追肥を行ない、キャベツの高収量、安定生産に結びつけている（北海道立花・野菜技術セ、日笠）。

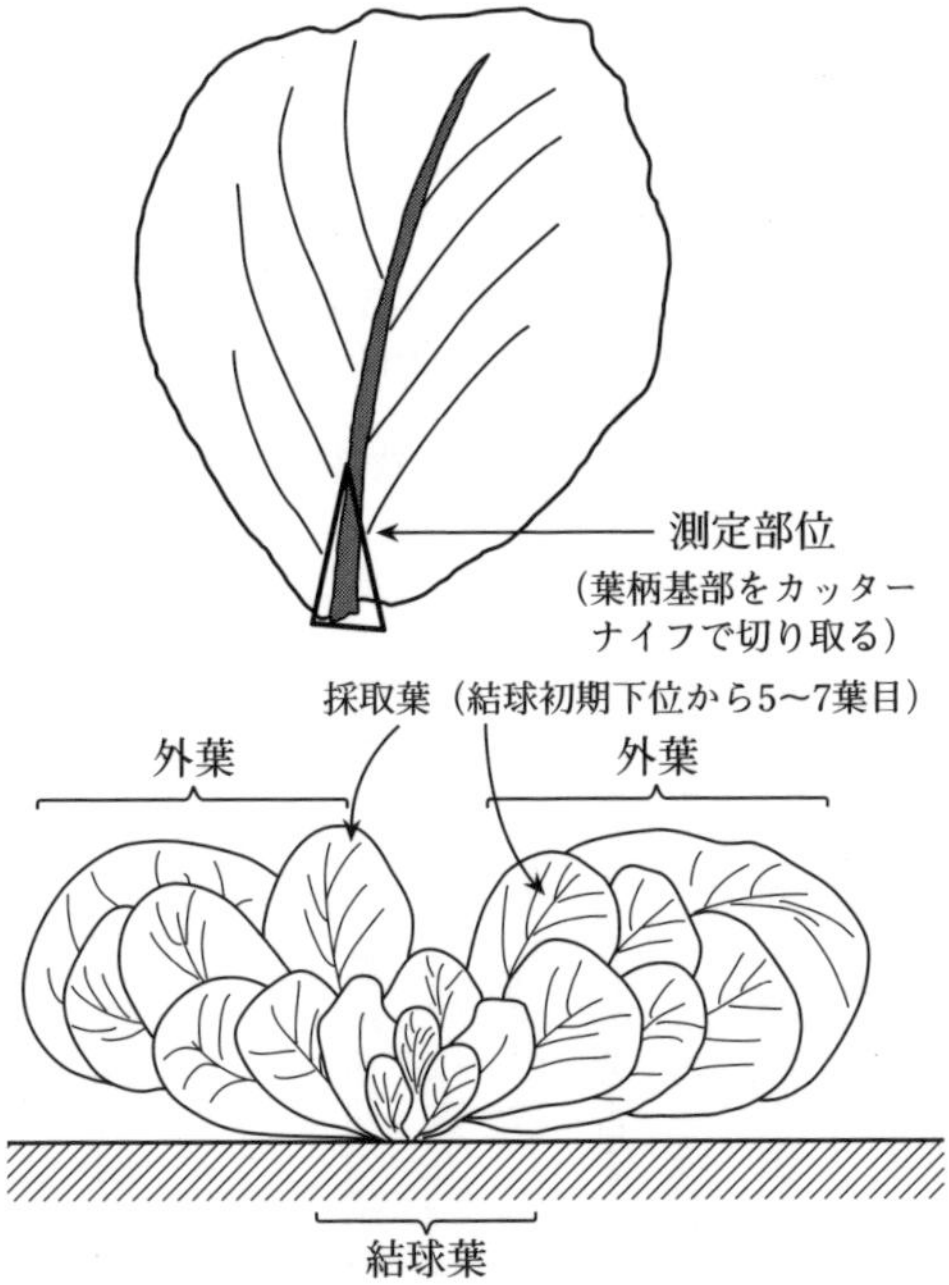

図3−10　キャベツの汁液採取部位

(2) 滋賀県の例

滋賀県では、五〜一〇株の中位の外葉（下位から五〜七葉目）の葉柄基部を約一〇cmの長さにカッターで切り取り（図3—10）、細切りして搾汁液法で汁液を採取する。

緩効性肥料による全量基肥の春まき

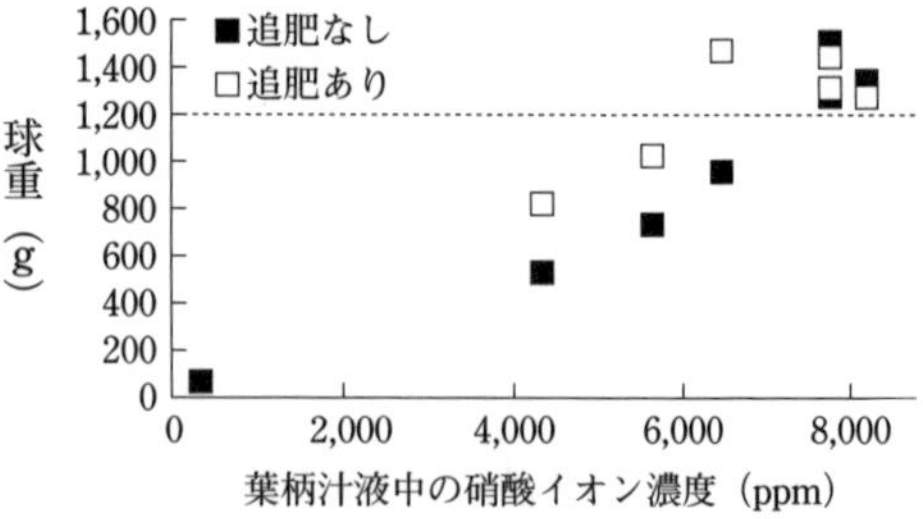

図3—11　キャベツ春まき栽培での葉柄汁液中の硝酸イオン濃度と収穫時の球重との関係

（滋賀農技セ，濱中ら）

注　測定時期：球径4cm

栽培（定植：五月下旬）では、結球初期（球径四cm）の葉柄汁液中の硝酸イオン濃度と収穫時の球重との間に有意な関係があり、一二〇〇g以上の球重を得るには、結球初期に硝酸イオン濃度が六五〇〇～八〇〇〇ppm以上必要である（図3—11）。同様に、夏まき栽培（定植：八月下旬）でも、葉柄汁液中の硝酸イオン濃度と収穫時の球重の関係から、標準的な球重を得るには球径八～一〇cmの結球初期に硝酸イオン濃度が八、〇〇〇～一〇〇〇〇ppm以上必要としている。

　このため、結球初期の硝酸イオン濃度が春まき栽培では六五〇〇～八〇〇〇ppm、夏まき栽培では八〇〇〇～一〇〇〇〇ppmが追肥の要否を判断するポイントである。この濃度以下のときは、五kg／一〇aの窒素追肥が必要である（滋賀農技セ、濱中ら）。

　キャベツの診断基準値として表3—5のように示すことができる。

〈花き〉

(1) 作物体養分の採取方法

バラは植え付け後四～五年間栽培さ

表3—5　キャベツの硝酸イオン濃度の診断基準値

作成道県	作型	採取部位	結球初期の診断基準値（ppm）
北海道	晩春まき	結球から1番目の外葉 〃	5,000 以上（品種：金系 201） 3,000 以上（品種：アリーボール）
滋賀	春まき 夏まき	中位置の外葉の葉柄基部 〃	6,500 ～ 8,000 以上（球径 4cm） 8,000 ～ 10,000 以上（球径 8 ～ 10cm）

注　診断基準値以下のときは，ただちに追肥を実施する

れその間の緻密な施肥管理が求められること、キク、シクラメンも出荷までの栽培期間が長いため、葉柄汁液による栄養診断が必要である。

シクラメンはキュウリ、ナスなどの果菜類と同様に葉柄が多汁質であり、にんにく搾り器により圧搾して簡単に汁液を採取できる。しかし、バラの葉柄は多汁質でないこと、キクについては葉柄部が少ないため葉身が測定部位の対象となり、やや煩雑になるが摩砕法により作物体養分を採取する。

(2) 硝酸イオンの診断基準値

①夏秋ギク

佐賀県での夏秋ギクを紹介する。キクは葉身を測定部位とし、葉身汁液中の硝酸イオン濃度の葉位別分布をみると、上位葉、中位葉にくらべ下位葉で硝酸イオン濃度が高く、特に下位葉は窒素施肥の反応が敏感にあらわれやすい葉位であり、測定部位として適している(図3—12)。

実際の採取部位は最下位の一〜五葉は枯死などの影響もあるため、それより上位の六〜一〇葉を測定部位の対象とする。一定量の細切りした葉身に二〇倍量の蒸留水を加え、乳鉢などですりつぶし、ろ過して葉身の希釈汁液とする。

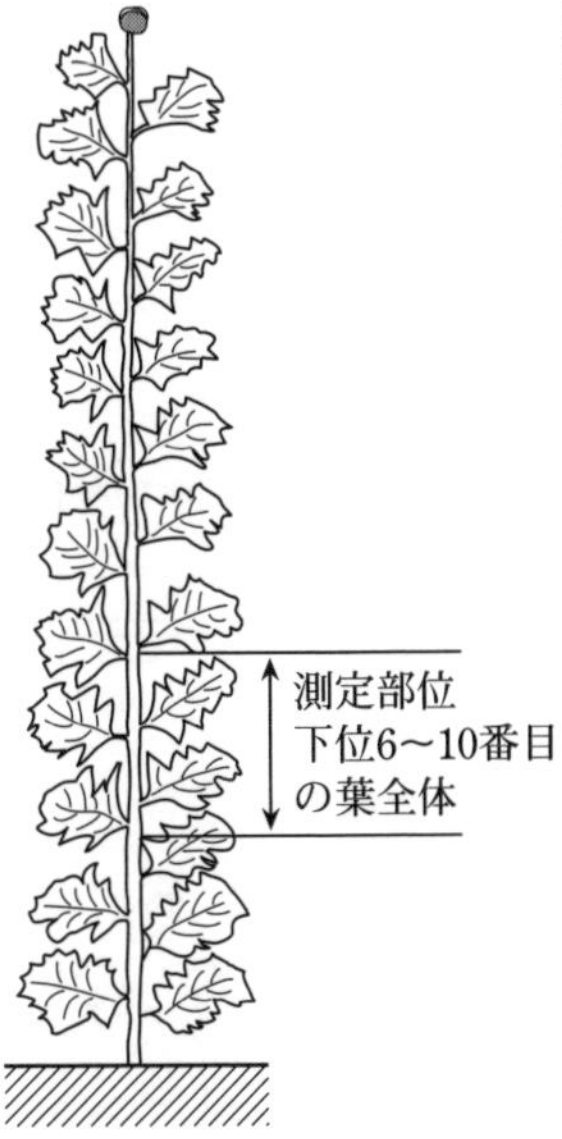

図3—12　キクの汁液採取部位

慣行の施肥を行なった慣行施肥区(基肥窒素:五kg/一〇a、追肥窒素:七kg/一〇a)、慣行施肥の四五%を減肥した四五%減肥区、および六五%減肥区を設置し、切り花品質と葉身汁液の硝酸イオン濃度の関係を調査した。

七月上旬の消灯後の硝酸イオン濃度は、慣行施肥区が一〇〇〇〇ppm以上で経過するのに対し、六五%減肥区が約五〇〇〇ppmとなり、施肥量のちがいによる大きな差がみられた。採花時の切り花品質は減肥区が慣行施肥区にくらべ切り花長でやや長く、切り花重では同程度であることから、減肥による切り花品質への悪影響はみられなかった。

このため、葉身汁液の硝酸イオン濃度は六五%減肥区の水準で問題ないと判断され、定植後(五月下旬)四五日前後を経過した消灯前までは三〇〇〇

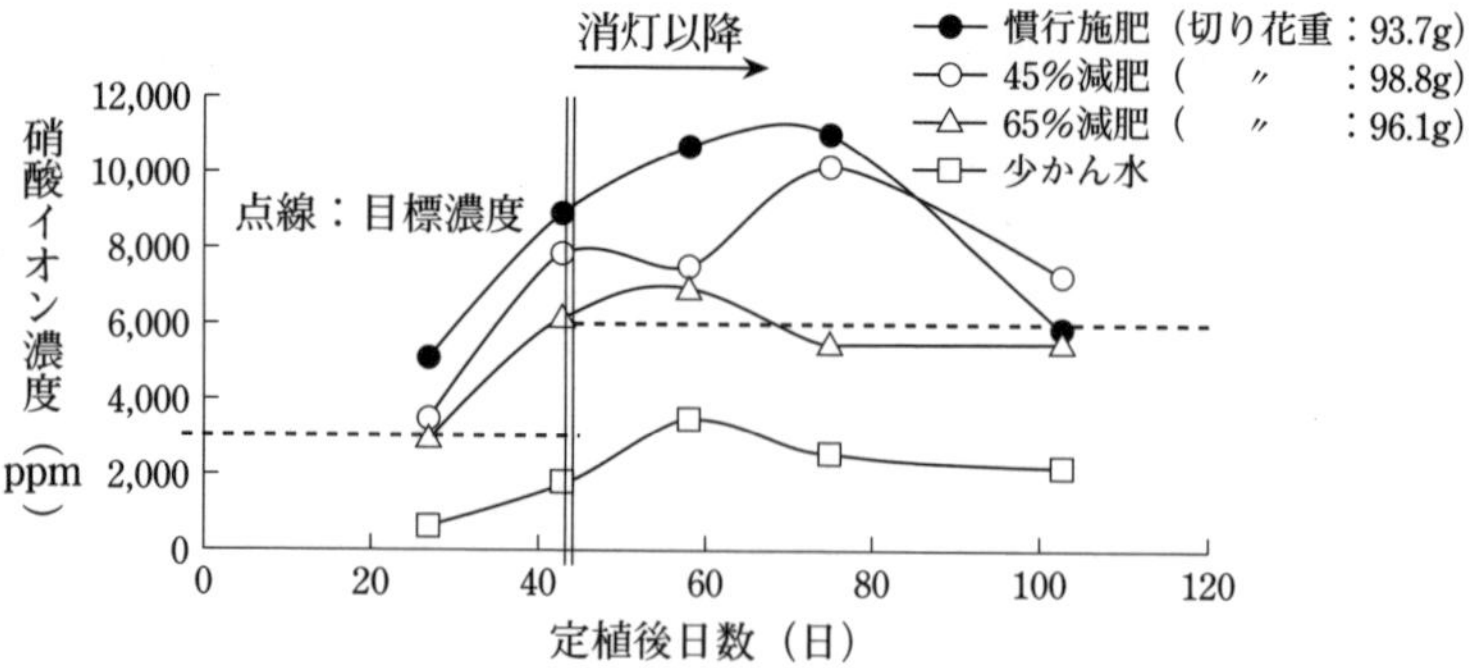

図3―13　夏秋ギクでの葉身汁液の硝酸イオン濃度の推移と目標濃度
（佐賀農研セ，福田ら）

～六〇〇〇ppm程度、消灯開始以降は六〇〇〇ppm程度を診断基準値の目安として管理すればよいと判断される（佐賀農研セ、福田ら）（図3―13）。

②シクラメン

シクラメンの葉柄は多汁質であり、生育初期は葉柄が小さいため摩砕法により葉柄汁液を採取する必要があるが、生育中期以降は葉柄基部と葉柄先端側をそれぞれ五mm程度切除して、細断することによりにんにく搾り器で容易に搾汁液を得ることができる（図3―14）。

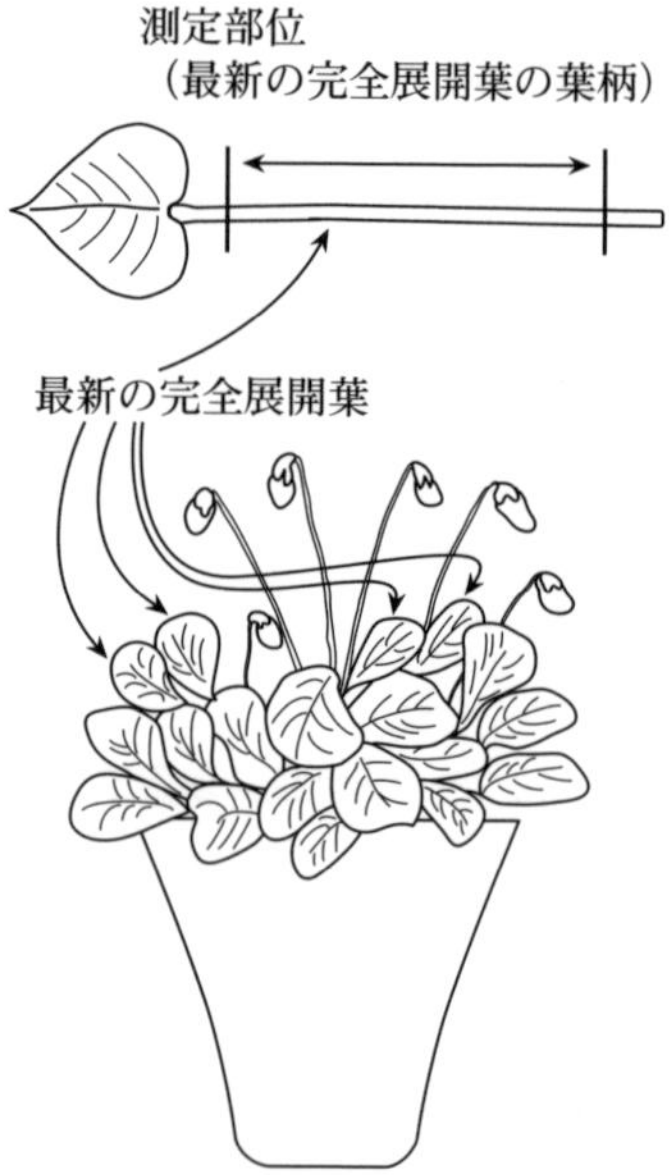

図3―14　シクラメンの汁液採取部位

葉柄の採取部位は、もっとも新しい完全展開葉（群馬県、島根県）、展開した三～四葉目の若い成熟葉（福岡県）、最上位の完全展開葉（東京都）と各都県によって微妙に異なっているが、基本的には、葉齢が若い完全展開葉の葉柄を用いればよいと考えられる。

シクラメンでは葉一枚に一個の花芽が形成されるため、葉枚数の多い鉢のほうが高品質とされている。群馬県では五号鉢への鉢上げ前の育苗期の葉柄汁液の硝酸イオン濃度と、出荷時の生育状況の関係について検討している。そして、育苗期間中の硝酸イオン濃度

表3—6　シクラメンの生育・品質と時期別硝酸イオン濃度（福岡農総試）

液肥窒素濃度（ppm）	葉枚数（枚／株）	花蕾数	硝酸イオン濃度（ppm）			品質
			初期	中期	後期	
50-50-100	61	53	＜500	1,000～2,500	500～1,500	○
50-50-150	45	43	＜500	1,000～2,500	1,000～3,100	×
100-25-75	59	51	1,000～2,500	200～600	300～1,000	△
100-25-100	72	61	1,000～2,500	200～600	500～1,500	◎
100-25-150	56	51	1,000～2,500	200～600	700～3,500	△

注　1）品種：パステル系
　　2）初期（6～7月中旬），中期（7月下旬～9月中旬），後期（9月下旬～12月）

表3—7　花きの葉柄汁液の硝酸イオン濃度の診断基準値

花き名	作成都県	採取方法	採取部位	採花期	診断基準値（ppm）
夏秋ギク	佐賀	摩砕法	下位葉（6～10枚目）の葉身	8月中旬～9月上旬	消灯前（～7月上旬）：3,000～6,000 消灯後（7月上旬～）：6,000
キク（7月出し）	宮城	摩砕法	下位葉の葉身	7月下旬～8月中旬	短日処理前（～6月中旬）：2,500～3,500 短日処理後（6月中旬～）：3,500～4,500
シクラメン	福岡	搾汁液法	若い成熟葉の葉柄	12月	初期（6～7月中旬）：1,000～2,500 中期（7月下旬～9月中旬）：200～600 後期（9月下旬～12月）：500～1,500
	東京	搾汁液法	完全展開葉の葉柄	12月	後期（9月下旬～12月）：330～880
バラ（ローテローゼ）	千葉	摩砕法	採花枝の下から3～4枚目の葉柄	10～6月	秋～冬期：900～1,500 春期：600～900 夏期：300～600

が四五〇～一一〇〇ppmの範囲のときに出荷時の葉枚数が多く、葉長が短くなり、高品質な鉢に仕上がることを明らかにしている（群馬農技セ）。

福岡県では、生育初期～中期に葉柄汁液の硝酸イオン濃度は品種によって異なるが、鉢上げ後の九月下旬以降（生育後期）は硝酸イオン濃度を五〇〇～一五〇〇ppmに維持することにより、開花数、花蕾数とも多く、開花も順調であることを明らかにしている（福岡農総試）。また、東京都では九月下旬以降硝酸イオン濃度を約三三〇～八八〇ppmに維持することにより、生育良好なシクラメンを生産できること（東京農総セ、吉岡）、島根県では高品質な生産者は後期に一〇〇ppm前後に推移していることを示している（島根農技セ、伊藤）。したがって、九月以降に硝酸イオン濃度を一〇〇〇ppm以上に高くする必要はなく、三〇〇〜五〇〇ppmの範囲に維持していけば高品質生産につながると判断される（前ページ表3―6）。

③主要な花きの診断基準値

夏秋ギク、シクラメン以外にも、バラ、短日処理による七月出しキクについても基準値が明らかにされ、これらをまとめると前ページ表3―7のように示すことができる。

〈果　樹〉

(1) すべての果樹でリアルタイム診断はできない

作物体内中の硝酸イオンは窒素の栄養状態を判断するうえで好適な指標になるが、果樹は樹種によって葉内の硝酸イオンに大きなちがいがみられる。温州ミカン、ブドウ、イチジク、キウイフルーツでは葉柄内に多量の硝酸イオンが存在するが、リンゴ、ナシ、モモなどでは吸収された硝酸イオンが地上部に転流する過程で低分子の有機態窒素化合物に変換する。このため、葉柄内からほとんど検出されず、これらの樹種では硝酸イオンを指標にした窒素の栄養診断を行なうことはできない。

(2) 樹体養分の採取方法

温州ミカンの葉柄と葉身の汁液中の硝酸イオン濃度を測定すると、葉柄は葉身にくらべ一〇倍以上高く、樹体の栄養状態をよく反映しており、葉緑素による緑色も薄いため測定誤差も少なくなる利点がある（静岡柑橘試、杉山）。硝酸イオンが検出される他の樹種でもこれと同様な結果であり、果樹は果菜類と同様に測定部位として葉柄が適している。

しかし、多汁質な果菜類の葉柄に対して、果樹の葉柄は硬くて水分含量が少なく、にんにく搾り器では汁液を採取できないため、やや煩雑になるが摩砕法を用いる必要がある。乳鉢かすり鉢に細断した一定量の葉柄を入れ、二〇倍量の蒸留水を加えて摩砕し、摩砕した上澄液を用いて硝酸イオン濃度を測定する。
温州ミカンは、外周部の樹の中央（目通りの高さ）である、樹冠赤道部付近の当年に発生した春葉（中位葉）の葉柄を用いる。イチジクでは、下位段、中位段、上位段を比較したとき、中位段の葉の葉柄は硝酸イオン濃度の変動幅が小さく、試験処理による硝酸イオン濃度の差も大きいので、樹体養分の採取位置として適している（図3—15、16）。

(3) 硝酸イオンの診断基準値

①温州ミカン

静岡県での試験を紹介する。窒素施肥量を基準量、基準の半量および二倍量とした試験区の葉柄汁液の硝酸イオン濃度の経時的変化をみると、硝酸イオン濃度は六月から八月までは急激に増加するがその後は減少に転じ、十一月には六月と同濃度となる。七〜九月では窒素施肥量による差が大きく、測定時期を限定すれば、葉柄汁液の硝酸イオン濃度を測定することにより施肥量のちがいを判断することが可能である。

葉身の全窒素含量と葉柄の硝酸イオン濃度の相関は高く、温州ミカンの葉身の全窒素含量の適正域（二・八〜

図3—15　温州ミカンの汁液採取部位

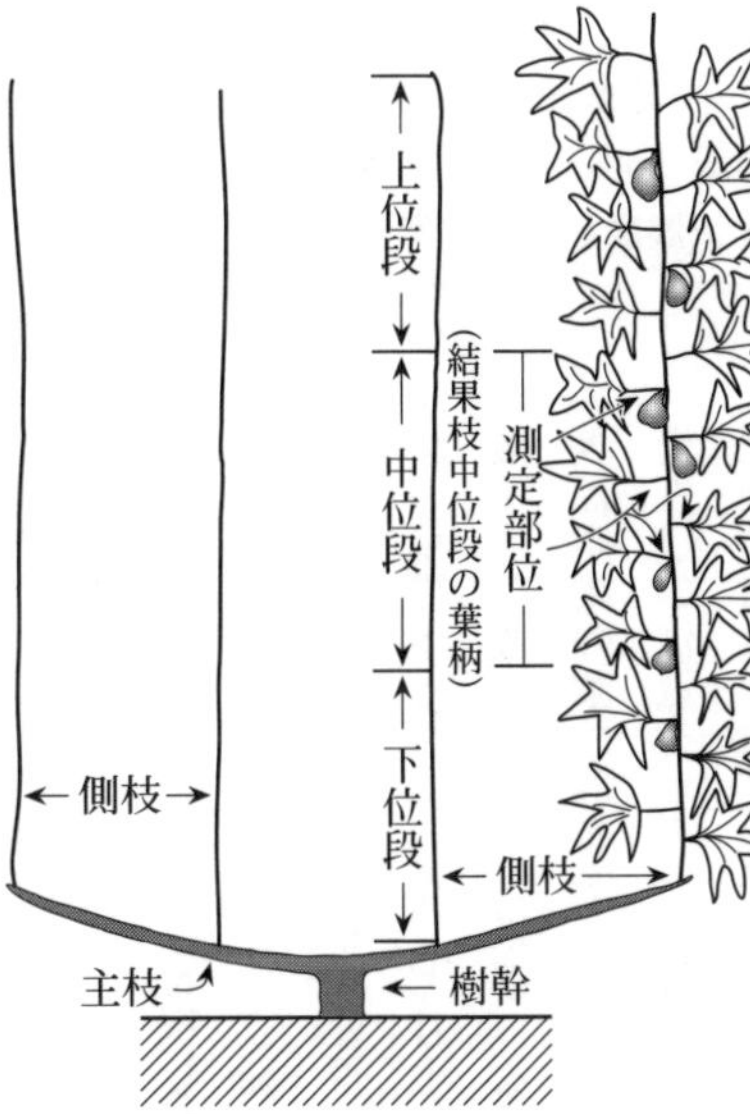

図3—16　イチジクの汁液の採取部位

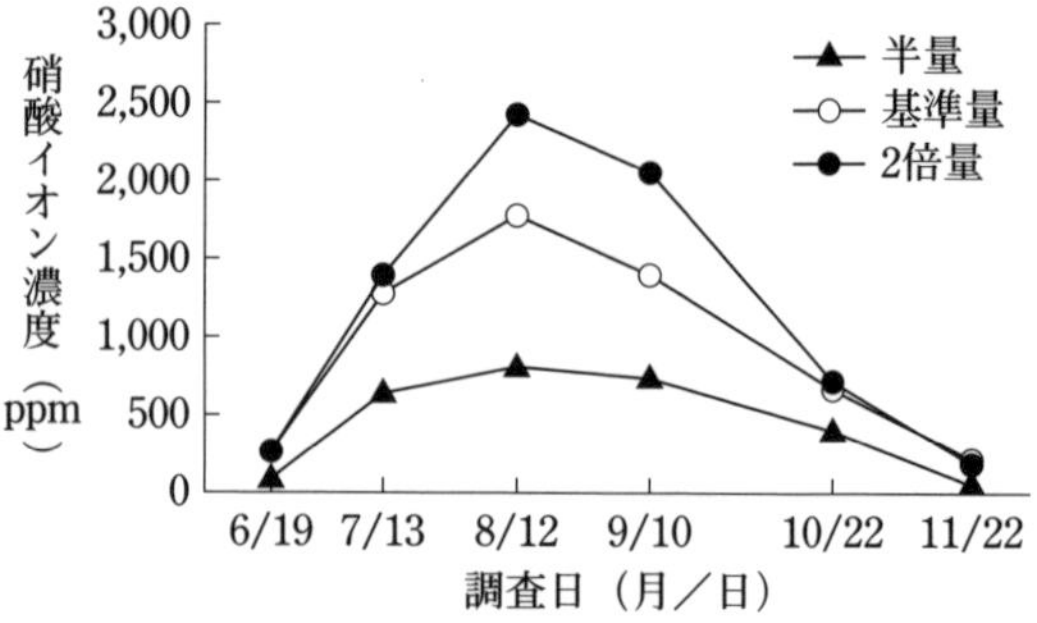

図3—17　施肥量が異なる温州ミカンの葉柄汁液の硝酸イオン濃度の経時的変化
（静岡柑橘試，杉山）

三・二％）に対応する硝酸イオン濃度を求めると、七月は一一〇〇〜一九〇〇ppm、八月は一〇〇〇〜二四〇〇ppm、九月は六〇〇〜一八〇〇ppmになり、図3—17の基準量がこれに近い硝酸イオン濃度の推移を示す（静岡柑橘試、杉山）。

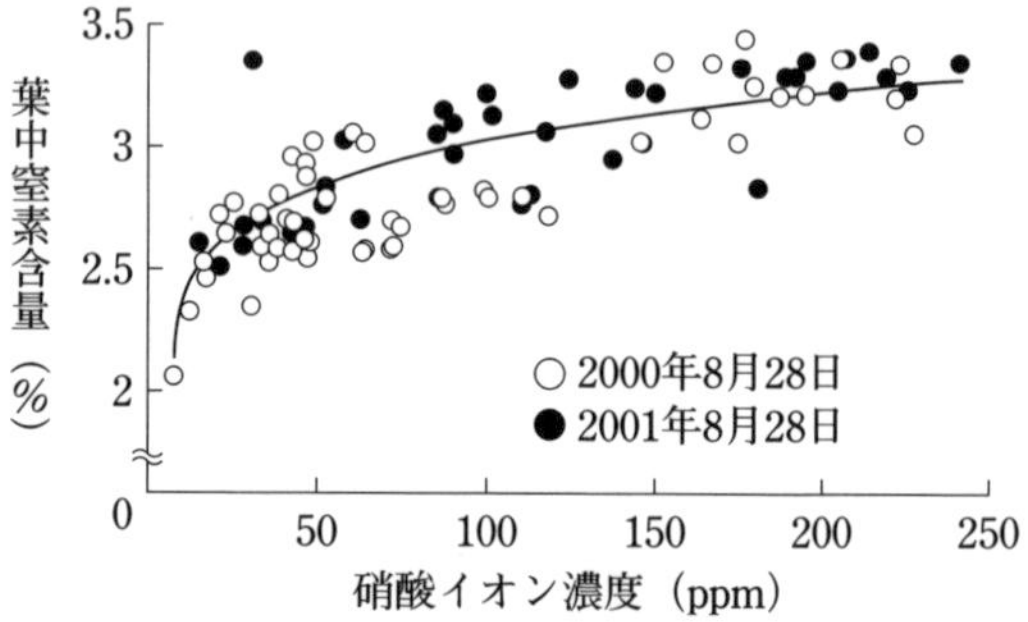

図3—18　温州ミカンの葉柄摩砕液（20倍）の硝酸イオン濃度と葉中窒素含量の関係
（和歌山農総技セ，鯨ら）

温州ミカンは窒素過剰になると果実品質の低下、逆に少ないと隔年結果が発生しやすくなり、特に隔年結果は生産の不安定要因となっている。このため、追肥時期の七月上旬に葉柄汁液の硝酸イオン濃度を測定することにより、葉身の全窒素含量を推測することが可能で、樹体栄養の過不足を判断できる。

和歌山県では二〇倍に希釈した葉柄摩砕液の硝酸イオン濃度三〇ppm（六〇〇ppm）を窒素の葉面散布の要否を判断する境界値としている。七月上旬に硝酸イオン濃度が三〇ppm以下になったときは窒素の葉面散布が必要であり、尿素五〇〇倍液を七〜一〇日間隔に二〜三回散布し、樹体栄養を改善していくことを明らかにしている（和歌山農総技セ、鯨ら）（図3—18）。

②イチジク

イチジクは生育に必要な気温が確保できれば、新梢の節の基部に花芽ができるため、施設を利用して一つの結果枝に二〇果以上収穫する長期間の栽培が行なわれている。イチジクの安定生産のための最大のポイントは、どのようにして着果率の向上をはかっていく

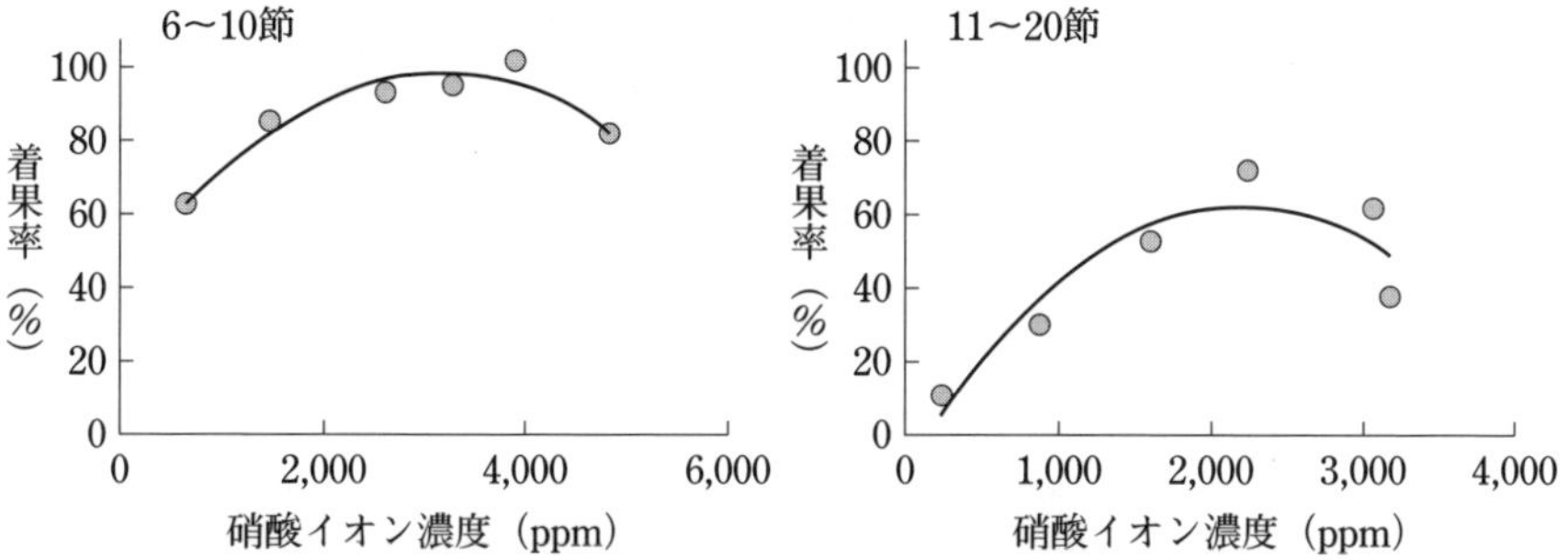

図3―19　イチジクの葉柄汁液の硝酸イオン濃度と着果率の関係
（品種：桝井ドーフィン，コンテナ栽培）

（愛知農総試，瀧）

かであり、不着果数が多くなれば、その割合に応じて減収になり、主産地である愛知県で基準値の検討が行なわれている。

イチジクの不着果は、養分要求量に見合わない施肥管理が原因の一つであると考えられている。葉柄汁液の硝酸イオン濃度は樹体の窒素栄養を的確にあらわしている。

硝酸イオン濃度と着果率の関係をみていくと、一～五節の着果率は前年からの貯蔵養分によって左右されるため、当年の施肥管理の影響を受けることは少ない。しかし、生育がすすんで六節以降になると、窒素過剰または窒素不足によって着果率が低下するようになり、高い着果率を維持できる条件として、六～一〇節の展葉時は二五〇〇～四〇〇〇ppm、一一～二〇節の展葉時は二〇〇〇～二五〇〇ppmを目安に葉柄汁液の硝酸イオン濃度を維持できるようにする。

結果枝が二〇節に達すると摘心を行なうが、その後の収穫期間は硝酸イオン濃度を四〇〇〇～六〇〇〇ppmを目安にして、窒素の肥効を高め、果実肥大の促進をはかることを明らかにしている（愛知農総試、瀧）（図3―19）。

③キウイフルーツ

キウイフルーツでは、香川県で追熟果の果実糖度との関係で硝酸イオン濃度の基準値が検討され、高糖度果実生産のためには夏期一〇〇〇ppm以下、収穫期二〇〇〇ppm以下にすることを明らかにしている（香川農試、野田）。

また、硝酸イオン以外の成分として、カリウムイオンの基準値が検討されている。産地では果実収穫後に低温貯蔵を行ない、価格状況から翌年の三月以降に出荷するが、貯蔵期間中の果実の軟化が問題となっている。貯蔵中の果

表3—8　果樹の硝酸イオン濃度の診断基準値

果樹名	作成県	採取方法	採取部位	診断基準値（ppm）
温州ミカン	静岡	摩砕法	樹冠赤道部に当年発生した春葉の葉柄	7月：1,100～1,900 8月：1,000～2,400 9月：600～1,800
	和歌山	摩砕法	樹冠赤道部に当年発生した春葉の葉柄	7月上旬～8月下旬：600以上（600以下のときは葉面散布の必要あり）
イチジク	愛知	摩砕法	中位葉の葉柄	6～10節展葉時：2,500～4,000　11～20節展葉時：2,000～2,500　摘心時～収穫期間：4,000～6,000
キウイフルーツ	香川	搾汁液法	成葉の葉柄	夏期：1,000以下 収穫期：2,000以下
	神奈川	搾汁液法	果実着果部位から先の1～3葉の葉柄	6月：5,000以下 （カリウムイオン）

実硬度と葉柄汁液のカリウムイオンとの間では有意な関係がみられ、特に六月にもっとも相関が高かったため、六月のカリウムイオン濃度を基準にして指標値が明らかにされている（神奈川農総研、柴田）。

④主要な果樹の診断基準値

果樹は永年性作物で根域が広く、果菜類や花き類にくらべ即座に追肥などの効果が樹体に出にくい状況にある。しかし、葉内の硝酸イオンを指標にすることにより、次年度以降の適正な施肥管理に結びつけることができる。今までに明らかになった果樹の硝酸イオンの診断基準値を表3—8に示す。

2　リン酸を指標としたリアルタイム栄養診断

(1)　作物体養分からも土壌のリン酸の過剰蓄積を診断

前述したキュウリでの葉柄汁液中養分の現地実態調査の結果（図3—5）をみると、カリウムイオンは三〇〇〇～六〇〇〇ppmとなっており、生産者間によって二倍前後の差がみられる。これに対して、リンイオンが低い生産者は二〇〜三〇ppm、高い生産者は二五〇ppm前後となり、約一二〜一五倍の差がみられる。葉柄汁液のリンイオンは硝酸イオン以上に生産者間の差が大きく、この原因として過剰なリン酸施肥を行なっている実態があり、これを是正するうえでもリアルタイム診断の必要性がある。

　汁液中のリン濃度が高いということは、土壌中にも多量の可給態リン酸が蓄積していることの裏付けである。現地実態調査での半促成栽培終了後の土壌の可給態リン酸含量と、収穫中期の葉柄汁液のリンイオン濃度の間には有意な関係があり、汁液中のリンイオン濃度は土壌中の可給態リン酸含量を的確に反映していると判断される（図3—20）。

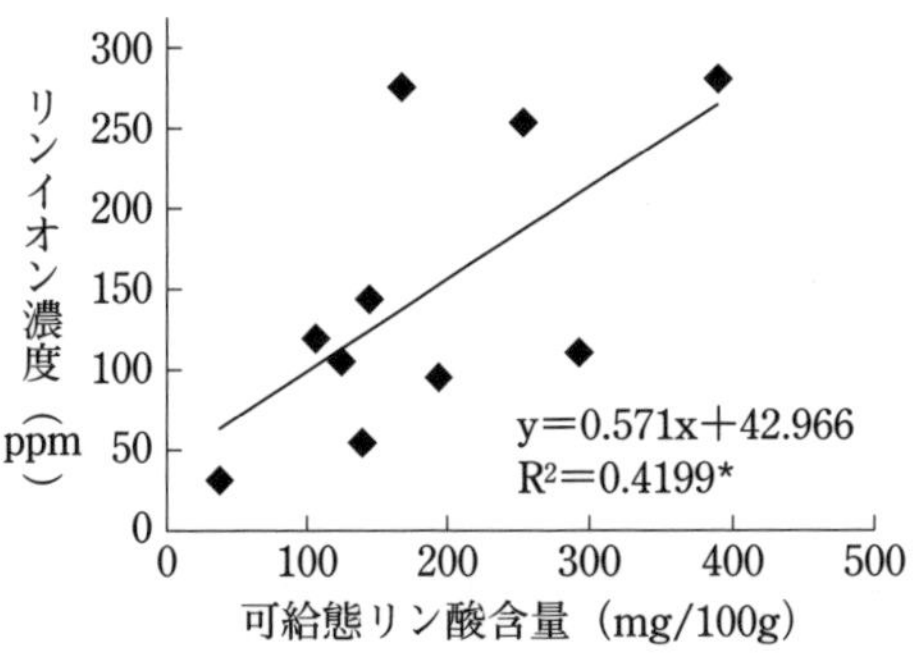

図3—20　現地の半促成キュウリでの可給態リン酸含量と葉柄汁液のリンイオン濃度の関係

　土壌診断によって過剰が指摘されても、リン酸が施用され土壌への蓄積は進行しているのが現状である。土壌診断からリン酸の過剰を指摘していくことは基本的でかつ重要なことであるが、それとともに作物体養分からもリン酸の過剰な蓄積を指摘し、維持すべき葉柄汁液のリンイオンの適正値を示すことにより、むだのない効率的な施肥管理に役立てていく必要がある。

(2) リン酸イオンの診断基準値

①半促成キュウリ、抑制キュウリ

半促成、抑制キュウリの葉柄汁液中のリンイオンの基準値を求めるため、リン酸を施肥基準にしたがって施肥した標準施肥区、無リン酸区、標準施肥の半量の減リン酸区をつくり、葉柄汁液中のリンイオン濃度と果実収量の関係を半促成、抑制キュウリを組み合わせた年二作、合計四作について調べたのが図3—21である。

　一年目の半促成、抑制キュウリは試験区によって葉柄汁液のリン濃度は三〜四倍の大きな差がみられたものの、果実収量の差はみられなかった。二年目の第三作にあたる半促成キュウリでも初年目と同様な傾向であった。しかし、四作目の抑制キュウリになると、リン濃度がもっとも高い標準施肥区と中間の減リン酸区は同収量であったが、もっとも低く経過した無リン酸区は減収した。無リン酸区の葉柄汁液のリン濃度の水準は、リン栄養の欠乏域または適正と欠乏の境界域になっていたと判断される。

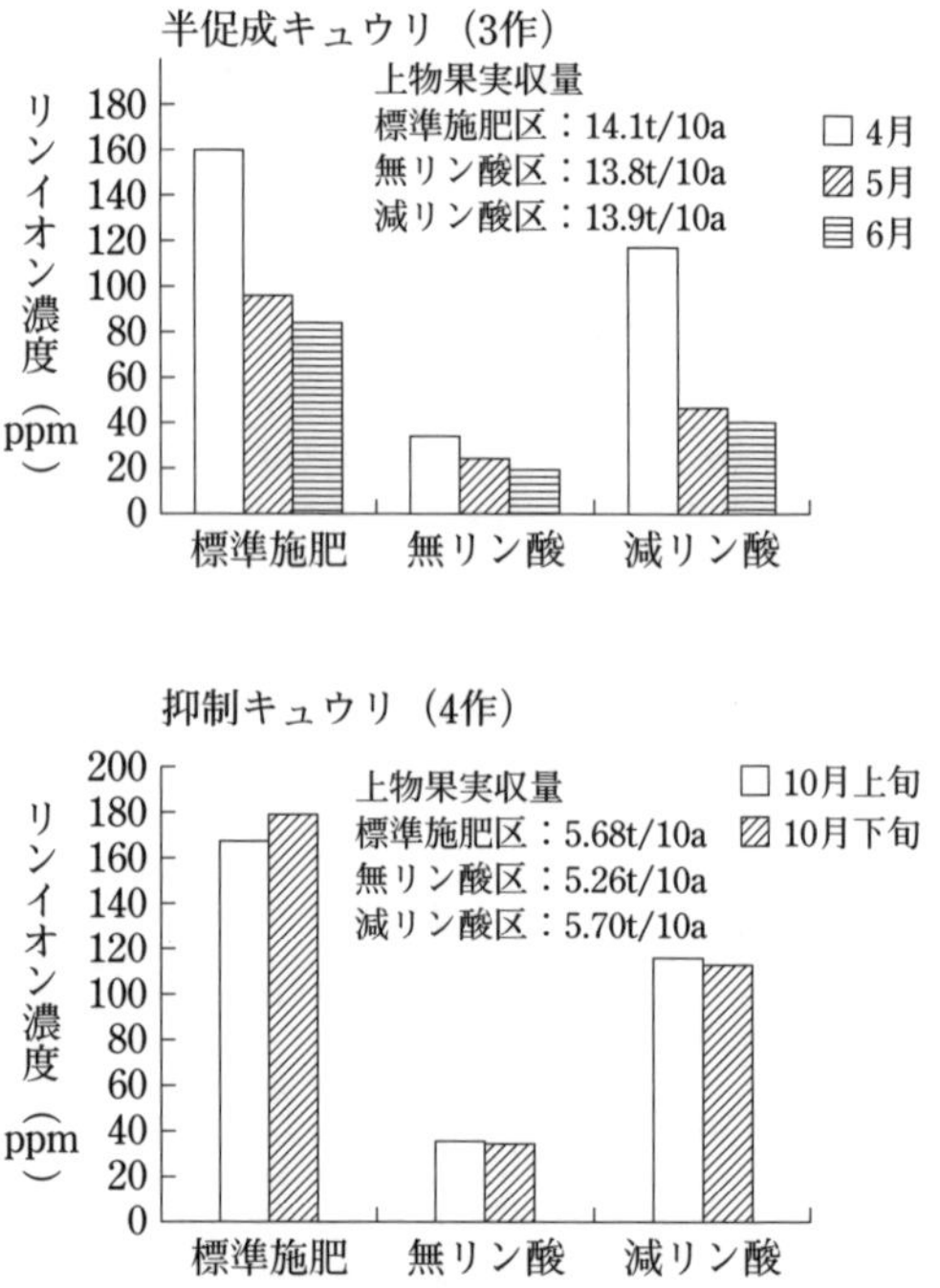

図3－21　半促成，抑制キュウリの葉柄汁液のリンイオン濃度と収量
（埼玉農総セ，山﨑）

　リン酸が富化した土壌では無リン酸にしても短期間ではその影響が出にくいが、無リン酸区は表土を未耕作の土壌と入れ替えたため、比較的早く、リン酸欠如による収量低下があらわれたと考えられる。

　標準施肥区のリン濃度は半量施肥より常に高く経過し、土壌中の有効態リン酸含量も一二〇mg／一〇〇g以上と試験開始時より高くなり、リン酸の栄養状態としては過剰域である。これに対し、減リン酸区の有効態リン酸含量は七〇～八〇mg／一〇〇gと試験開始時と変化がなく、四作ともに標準施肥区と同収量になっているので、減リン酸区の葉柄汁液のリンイオン濃度の水準が適正域になると判断された。

　この試験結果や現地の実態を考慮すると、キュウリのリンイオンの適正域は半促成キュウリで四月の収穫初期は八〇～一〇〇ppm、六月の収穫後期は三〇～五〇ppm、抑制キュウリでは収穫全期間八〇～一〇〇ppmになる（埼玉農総セ、山﨑）。

②促成イチゴ

　キュウリと同様に、促成イチゴの葉柄汁液のリン酸イオンの診断基準値を明らかにするため、標準施肥区、無リン酸区、標準施肥の半量の減リン酸区をつくり、葉柄汁液の硝酸イオン濃度と果実収量の関係から、基準値設定の検討を行なった。

図３―22は試験開始四作目の結果であるが、十二月下旬の収穫開始から四月下旬まで、葉柄汁液のリンイオン濃度が三〇〇～五〇〇ppmで経過する標準施肥区と、三〇〇～四〇〇ppmで経過する減リン酸区は、果実収量が三八〇〇kg／一〇a前後となり、一～三作と同じく明らかな収量差はみられなかった。これに対し、四年間にわたってリン酸を施肥しなかった無リン酸区は、葉柄汁液のリンイオン濃度が三〇～五〇ppmで経過し、標準施肥区の一〇～二〇％の濃度であった。外見からはイチゴの葉身にリン酸欠乏の症状はみられないため、欠乏症があらわれる前の段階の欠乏状態であったと判断でき、果実収量が二五〇〇kg／一〇aで標準施肥区にくらべ三〇％以上減収した。

また、土壌中の可給態リン酸含量は標準施肥区が一〇〇mg／一〇〇gと試験開始当初にくらべ増加するのに対し、減リン酸区は六〇mg／一〇〇gと同含量を維持している。施肥量としては減リン酸区の水準で十分であると考えられる。したがって、葉柄汁液のリンイオン濃度は減リン酸区の水準、またはやや低い濃度でもよいと判断され、収穫初期～後期にわたって二〇〇～四〇〇ppmに設定できる（埼玉農総セ、山﨑）。

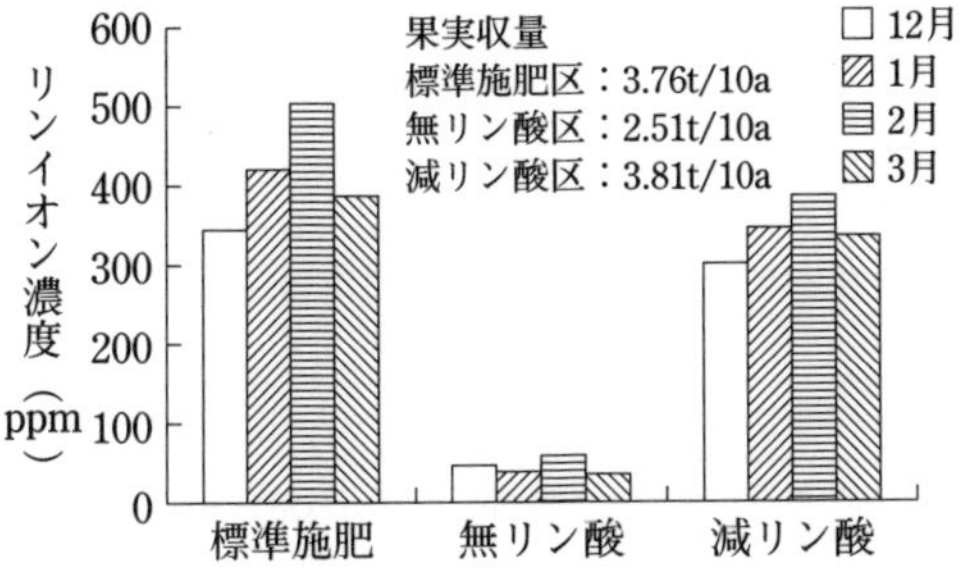

図3―22　促成イチゴの葉柄汁液のリンイオン濃度と収量

（埼玉農総セ，山﨑）

③主要な果菜類の診断基準値

以上のように、硝酸イオン以外の養分においても、試験区を設定し、果実収量の関係から診断基準を設定することができる。リンイオンの診断基準値はキュウリ、イチゴのほか、トマト、ジャガイモでも明らかにされており、これらをまとめると表３―９のようになる。

表3−9　リンイオン濃度の診断基準値

作物名	作成県	採取方法	採取部位	診断基準値（ppm）
半促成 キュウリ	埼玉	搾汁液法	表3−2に準じる	収穫初期（4月）：80〜100 収穫後期（6月）：30〜50
抑制キュウリ	埼玉	搾汁液法	表3−2に準じる	収穫全期間（9月下旬〜11月下旬）：80〜100
促成イチゴ	埼玉	摩砕法	表3−2に準じる	収穫全期間（12〜5月）：200〜400
促成トマト （12段摘心）	埼玉	搾汁液法	表3−2に準じる	収穫全期間（2〜7月）：40〜60
ジャガイモ	北海道 農研セ	搾汁液法	全葉位の葉柄	着蕾期：100

3　リアルタイム土壌溶液診断

(1) 土壌溶液の採取方法

作物は土壌溶液に溶けている養分を根から直接吸収する。したがって、土壌を風乾—ふるい別して土壌養分を測定するより、土壌溶液中の養分を直接測定するほうが生育との関係をより的確に判断できる。

これまでの土壌溶液の採取は、サンプリングした土壌から遠心分離や圧膜を利用して得ており、土壌と結合している水を採取するため真の土壌溶液といえる。しかし、高価な機器類を使用したり、採取操作が煩雑なことから、即断的な結果が求められるリアルタイム診断には適した方法ではない。

みかけの土壌溶液であるが、現在、多く行なわれているのが吸引法と生土容積抽出法である。

①吸引法

使用する器具

吸引法は多孔質カップを土壌中にさしておき、真空ポンプあるいは真空採血管を利用して土壌溶液を採取する方法で、土壌中から非破壊的にくり返して採水できる点で優れている。

水田では湛水状態であるため真空採血管により簡単に土壌溶液を採水できる。

畑条件では土壌水分が少ないため、採水には真空ポンプを用いる必要があったが、現在はより簡便な採取方法と

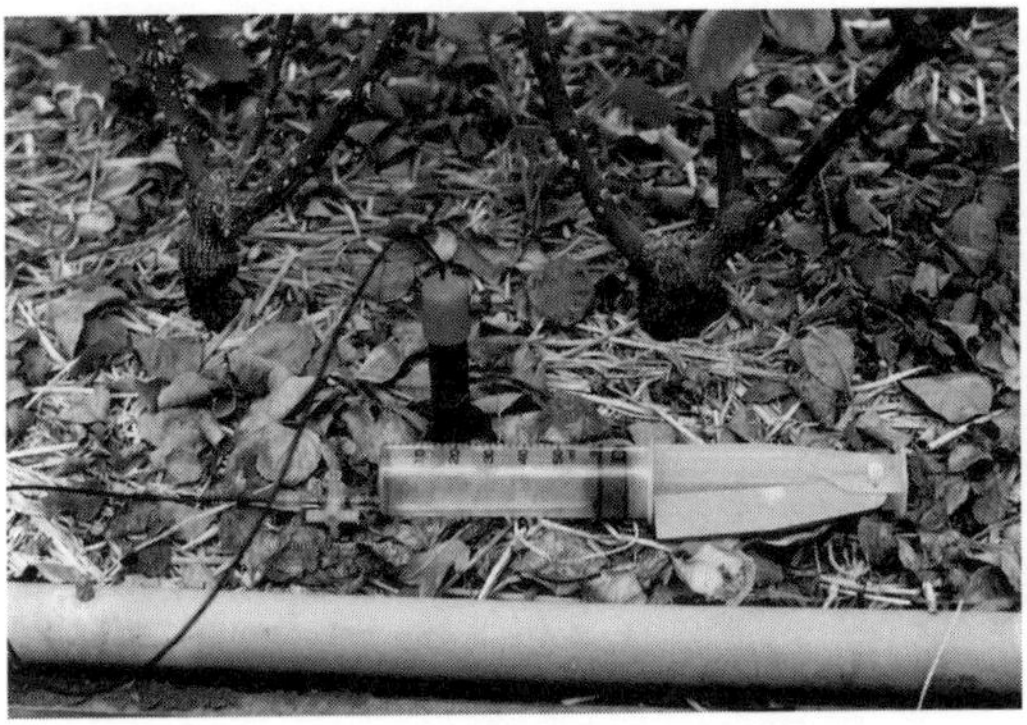

②ミズトールによる土壌溶液の採取。土壌に棒をさしておき，集液器を真空にしてストッパーで固定しておく

①ミズトールの本体（左：先端にポーラスカップのついた棒，右：集液器）

図3―23　吸引法による土壌溶液の採取

して、ポーラスカップと集液器がセットとなった採水器具（商品名：ミズトール）が商品化されている（図3―23）。

ミズトールによる土壌溶液の採水は、ポーラスカップが先端に付いた細い管が入った空洞の棒を土壌中の所定の深さにさしておく。土壌溶液を採水したいときに集液器を真空にしてストッパーで固定し、そのまま放置して集液器内に土壌溶液を吸引する方法である。

通常の場合、土壌溶液の採水には一昼夜を要する。この方法の限界点として、①かん水後、日数が経過して土壌水分が少なくなってくると土壌溶液の採水がむずかしくなること、②かん水直後は土壌溶液が薄まってしまい、信頼できる値が得られないこと、である。

採水条件と注意点

採水条件はかん水時間、土壌の種類によっても異なるが、いちどに多かん水する慣行の栽培では、重力水が流れ去ったかん水一～二日後の土壌pF一・六～一・八の範囲のときがよい。土壌pFが二・〇以上になると、土壌水分が少なくなってポーラスカップによる土壌溶液の採水はむずかしくなる。

ポーラスカップの挿入位置は、表土に近いと施肥の影響を強く受けるため一五～二〇cmの深さとし、採水地点は栽培圃場内の離れた場所から三カ所は必要で、平均的な土壌溶液の濃度を求めるようにする。

以上のように、正確な採水を行なうためには、かん水終了後からの時間、深さ、点数など決められた条件を守っていく必要がある。

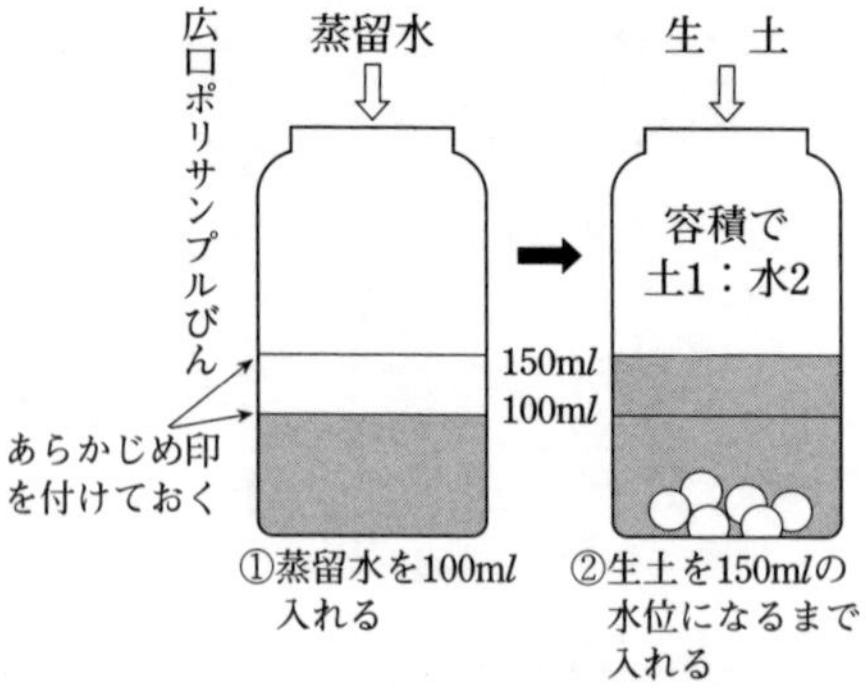

図3—24　生土容積抽出法
（神奈川，林）

②生土容積抽出法

園芸作物では、高品質生産や生育制御のため節水栽培を行なうことがある。この場合はポーラスカップを用いた吸引法による土壌溶液の採水は困難なので、生土容積抽出法は特に高品質生産を目的として低水分条件で栽培するトマトには適した方法である。

この方法は蒸留水に生土を一定容積の割合で加えて浸出液を得るもので、神奈川県の林勇氏によって紹介された。具体的には、約三〇〇mlの広口のポリ容器に一〇〇mlと一五〇mlの位置にマジックペンで印を付け、最初に一〇〇mlの位置まで蒸留水を入れる。次に、作土の五カ所以上から土壌を採取し、有機物片などのゴミを除いてよく混合し、一五〇mlの水位になるまで加える。これを一分ずつ手振りで二回振とうし、抽出する（図3—24）。

表3—10　リアルタイム診断のための土壌溶液の採取方法

吸引法	設置位置はかん水チューブから5cm以上離し，株と株の中間とする。採取深度は15～20cmとし，採取点数は3カ所以上とする。かん水直後は避け，重力水が流れ去ったかん水1～2日後とする
生土容積抽出法	作土5カ所以上から土壌を採取し、有機物片などのゴミを除く。かん水直後の採取は避ける

すぐ測定したい場合はロートとろ紙を準備してろ過を行なうが、急がない場合は四～五時間静置すれば上澄液を得ることができる。また、蒸留水のかわりに〇・二%塩化カルシウム溶液を入れると土壌が懸濁せず、四～五分後には澄んだ土壌溶液を得ることができる。したがって、ろ過を省いて短時間で測定できるので便利である。

③吸引法と生土容積抽出法の比較

吸引法と生土容積抽出法を比較すると、吸引法は土壌構造をこわさず、作物が吸収する養分に近い土壌溶液を採水できる点で優れた方法である。しかし、土壌溶液の採水は土壌の水分条件によって左右されることや、採水器具であるミズトールの値段がやや高価であることの難点もある。

生土容積抽出法は土壌溶液の採水方法はポリ容器だけですみ簡単であり、土壌を容積単位で測定するので、土壌の容積重にちがいがあっても、条件が異なる土壌を比較しやすい利点がある（表３―10）。

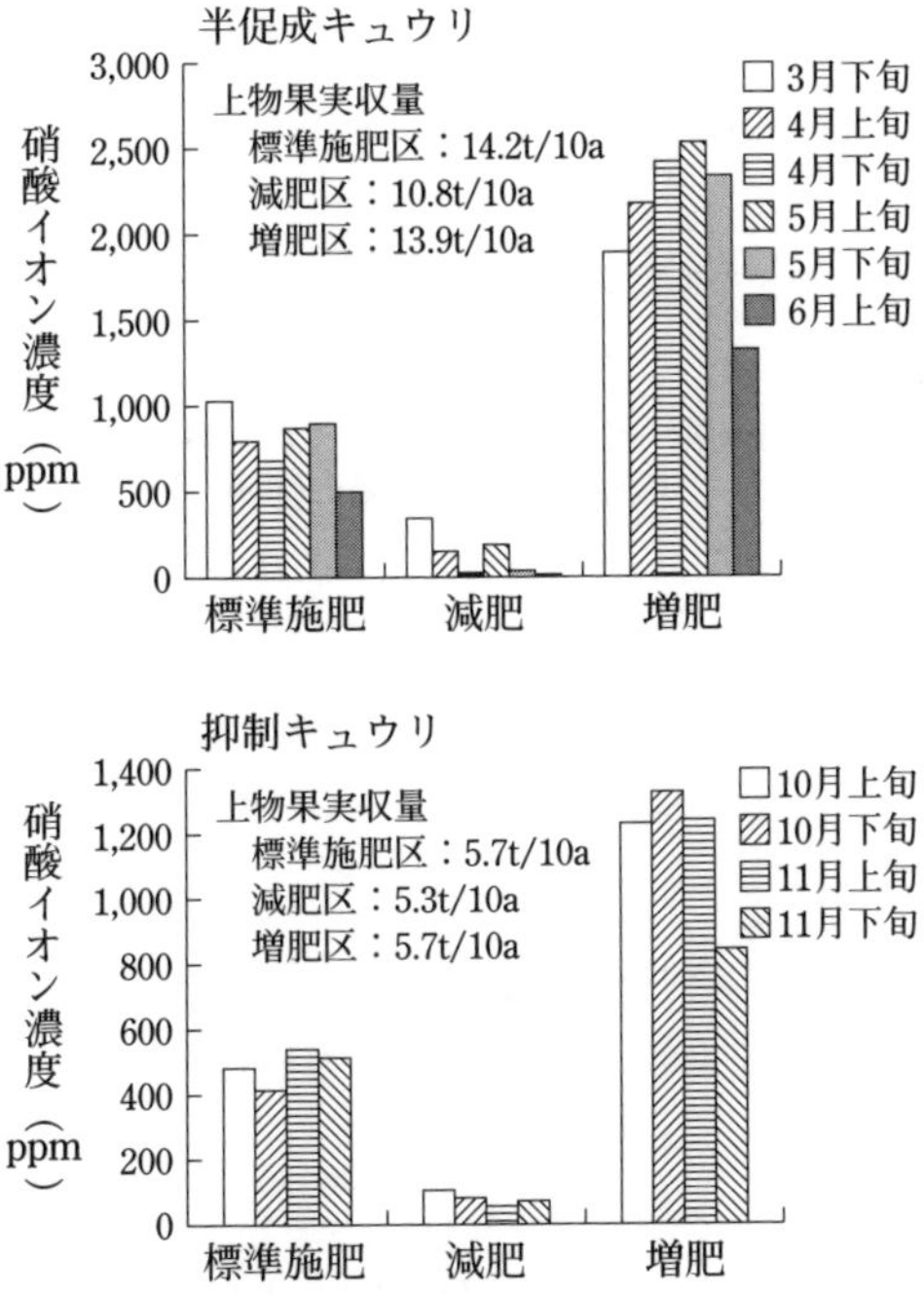

図3−25　半促成，抑制キュウリの土壌溶液の硝酸イオン濃度と収量

(2) 硝酸イオン診断の基準値

リアルタイム土壌溶液診断の基準値作成も、手法的には栄養診断の基準値を作成した方法と同じである。土壌溶液中の硝酸イオン濃度と園芸作物の生育・収量の関係、ならびに現地の実態から、土壌溶液中の硝酸イオン濃度の基準値を明らかにしていく。

①果菜類

《半促成キュウリ、抑制キュウリ》

キュウリはpF二・〇以下の多水分条件で栽培され、七～一〇日間隔に定期的にかん水が行なわれるため、吸引法を用いることができる。十分なかん水を実施した一～二日後に、ミズトールを用いて土壌溶液を採水する。

半促成キュウリ（収穫期間：三月下旬～六月下旬）について、標準施肥区、減肥区、増肥区を設置し、土壌溶液の硝酸イオン濃度と果実収量の関係をみたものが図３―25である。減肥区は収穫開始の三月下旬以降から収穫終了の六月下旬まで、硝酸イオン濃度が二〇〇ppm以下に経過し、窒素不足のため大幅な減収となる。これに対し、硝酸イオン濃度が二〇〇〇ppm前後ともっとも

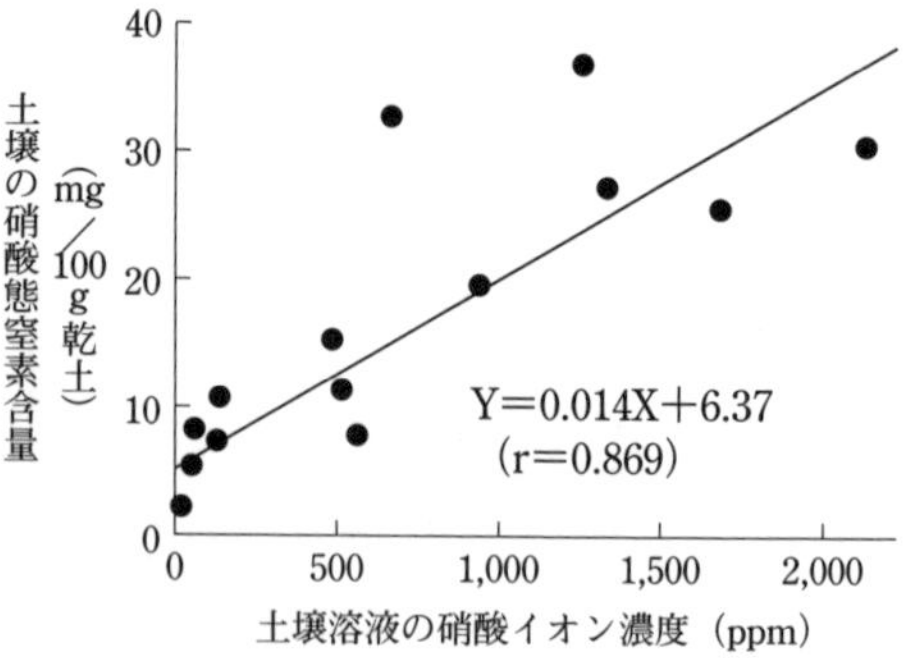

図3－26　土壌溶液の硝酸イオン濃度と土壌の硝酸態窒素含量の関係

高く経過した増肥区と、五〇〇～八〇〇ppmで経過した標準施肥区は同収量であった。増肥区では、これ以上硝酸イオン濃度が高くなっても収量増に結びつかない状態に達しており、硝酸イオン濃度の適正域は標準施肥区の水準でよいことになる。

　抑制キュウリ（収穫期間：九月下旬～十一月下旬）でも、半促成キュウリと同様な試験区を設定し、土壌溶液中の硝酸イオン濃度と果実収量の関係をみた（図３―25下）。減肥区は収穫全期間にわたって硝酸イオン濃度が一〇〇ppm以下に経過し、窒素不足のため低収量となる。半促成キュウリと同様に、硝酸イオン濃度が中程度の標準施肥区と、もっとも高く経過する増肥区では明らかな収量差がないことから、硝酸イオン濃度の適正域は標準施肥区の水準になると判断される。現地の実態なども考慮すると、半促成、抑制キュウリの硝酸イオン濃度の診断基準値は四〇〇～八〇〇ppmの範囲に設定できる。

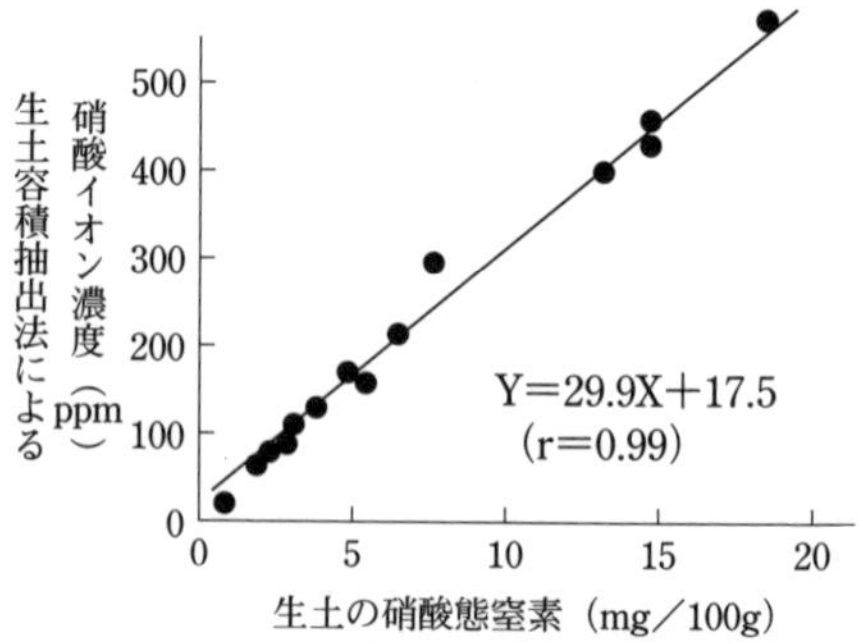

図3－27　生土容積抽出法による硝酸イオン濃度と生土の硝酸態窒素含量の関係

　キュウリ栽培期間中の土壌溶液の硝酸イオン濃度と、土壌の硝酸態窒素含量の関係をみると、当然のことではあるが有意な関係があり、診断基準値四〇〇～八〇〇ppmに相当する硝酸態窒素含量は生土で八～一二mg／一〇〇g、乾土で一〇～一五mg／一〇〇gになる（図３―26）。

　また、生土の硝酸態窒素含量八～一二mg／一〇〇gに相当する生土容積抽出法による硝酸イオン濃度は二五〇～三五〇ppmとなり、この値が生土容積抽出法における硝酸イオン濃度の診断基準値になると判断される（図３―27）。

《促成トマト》

　神奈川県では促成長期栽培トマトに

ついて検討している。トマトは節水栽培されるので、ミズトールを用いた吸引法では土壌溶液の採取ができないため、生土容積抽出法を用いる。

標準施肥区、標準施肥の二〇%減の少肥区、二〇%増の多肥区を設けて、土壌溶液の硝酸イオン濃度と果実収量の関係をみると、三～四月以降に硝酸イオン濃度が六〇〇ppm前後になる多肥区は、総収量が増加するものの可販果率が標準施肥区、少肥区にくらべて減少し、可販果収量の増加はみられない。これに対し、二〇〇～三〇〇ppmで経過する標準施肥区、二〇〇ppm以下の少肥区は、総収量では多肥区におよばないが可販果率が八〇%前後と高くなり、標肥区の可販収量は多肥区とほぼ同じとなる。

このため、土壌溶液の硝酸イオン濃度は多肥区の水準では明らかに高く、標肥区の水準でよいと考えられ、黒ボク土における診断基準値は二月までは二五〇～三〇〇ppm、三月以降は二〇〇～三〇〇ppmになると判断される（神奈川農総研、岡本ら）。

②花き

《バラ》

千葉県での研究成果を紹介する。バラは長期間にわたって養分吸収量が多く、樹勢を維持するため、養分を過不足なく与えていく必要がある。かん水量が多いので、ミズトールによる土壌溶液の採取が可能である。

採花する十月から翌年の六月まで、液肥の窒素濃度を七五一〇〇、一二五一五〇ppmとし、定期的に二〇mmのかん水を行なう試験区、化成肥料を用いて標準施肥を行なった施肥基準区、施肥基準区の六〇%の施肥量の試験区の合計六区を設定し、土壌溶液の硝酸イオン濃度と切り花本数、切り花長、切り花重の関係から、硝酸イオン濃度の適正値の検討を行なった（表3—11）。

切り花本数、切り花の形状から総合的に優った、液肥一〇〇ppm区と施肥基準区の硝酸イオン濃度はそれぞれ四〇〇～五〇〇ppm、五〇〇～七〇〇ppmであ

表3—11　切り花本数、切り花品質と土壌溶液の硝酸イオン濃度の平均値　（千葉県，白崎）

試験区	切り花本数（本／株）	切り花長（cm）	切り花重（g/本）	硝酸イオン濃度（ppm）
N75	23.5	63.1	25.4	238
N100	25.9	66.6	27.1	492
N125	27.1	64.6	27.7	717
N150	26.8	63.3	26.1	759
施肥基準	26.7	67.3	28.6	551
同上 60%	28.1	62.7	26.7	312

注　N75は液肥の窒素濃度75ppmとして，定期的に20mmのかん水を行なった区。N100，N125，N150も同様である

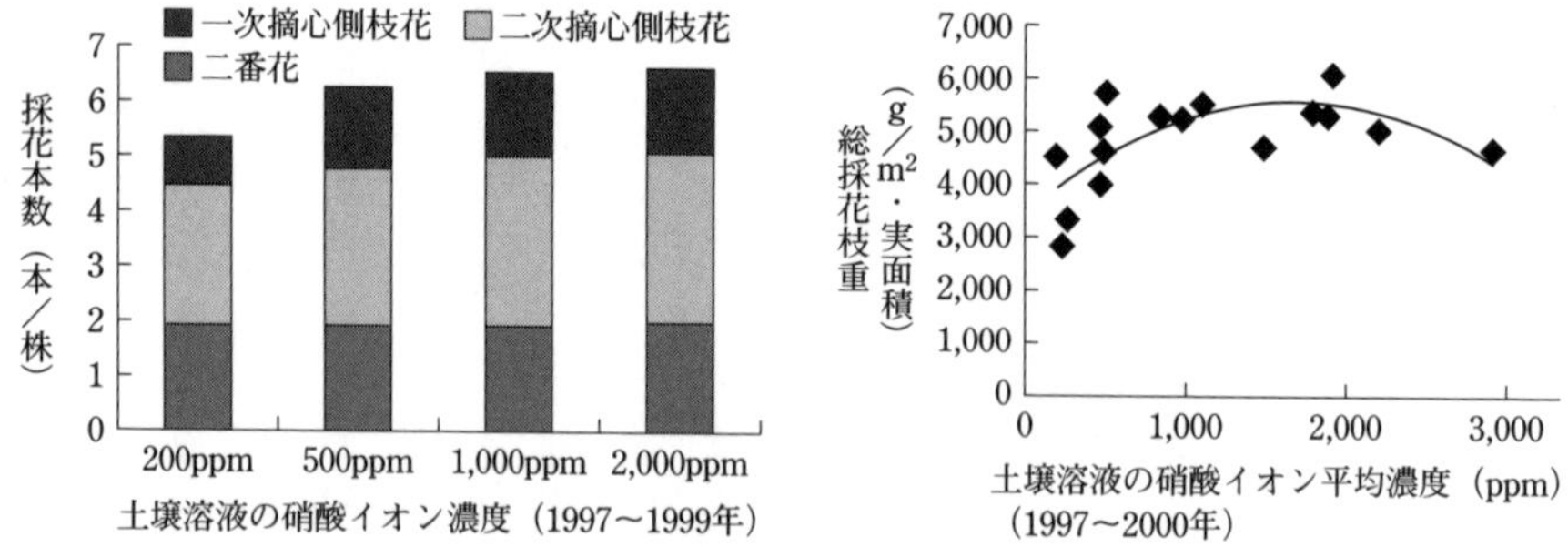

図3－28　土壌溶液の硝酸イオン濃度と採花本数，総採花枝重

（千葉農総セ，浅野）

注　1）品種：ライトピンクバーバラ，定植：6月中・下旬，採花終了：5月下旬，冬期10～12℃加温
　　2）採花時期：一次摘心側枝花10～2月，二次摘心側枝花2～5月，二番花4～5月

った。また、現地での優良園の多くは四〇〇～六〇〇ppmの範囲で経過していたことから、土壌溶液の硝酸イオン濃度の基準値は四〇〇～六〇〇ppmの範囲になると判断できる（千葉県、白崎）。

《カーネーション》

カーネーションは六月に定植し、採花期間が十月～翌年の五月までで、栽培期間が長く、緻密な施肥管理が要求される。追肥に合わせて定期的なかん水を実施するため、ポーラスカップを用いた吸引法により土壌溶液を採水することが可能である。

千葉県では定期的に液肥を施肥して、土壌溶液の硝酸イオン濃度の水準を二〇〇、五〇〇、一〇〇〇、二〇〇〇ppmの試験区を設置し、硝酸イオン濃度と採花本数、総採花枝重の関係をみた（図3—28）。二〇〇ppm水準区では窒素不足のため、生育量が少なくなる。一〇〇〇ppm水準区、二〇〇〇ppm水準区では採花本数、総採花枝重ともに同等であり、二〇〇〇ppm水準区では窒素増肥による増収効果はみられず、窒素の過剰状態になっていると判断される。また、五〇〇ppm水準区では一〇〇〇ppm区にくらべやや採花本数、総採花枝重が劣る。以上のように、土壌溶液の硝酸イオン濃度は一〇〇〇ppmで良好な生育を確保できるため、一〇〇〇ppmを維持できるように追肥などの施肥管理を実施していく必要がある（千葉農総セ、浅野）。

③主要な果菜類、花きの硝酸イオンの診断基準値

リアルタイム土壌溶液の診断基準値は、栄養診断にくらべ対象作物がやや少ないが、果菜類ではキュウリ、トマトのほか、ナス、イチゴ、花きではバラ、カーネーションのほか、キクで、また施設での葉菜類として多肥栽培さ

表3―12　土壌溶液の硝酸イオン濃度の診断基準値

果菜類・花き類名	作成県	採取方法	収穫期間	診断基準値（ppm）
〈キュウリ〉				
促成	埼玉	吸引法（生土容積抽出法）	2月下旬～6月下旬	収穫全期間：400～800 （250～300）
半促成	埼玉	吸引法（生土容積抽出法）	3月下旬～6月下旬	収穫全期間：400～800 （250～300）
抑制	埼玉	吸引法（生土容積抽出法）	9月下旬～11月下旬	収穫全期間：400～800 （250～300）
〈トマト〉				
促成 （6段摘心）	愛知	生土容積抽出法	12月中旬～2月上旬	収穫全期間：200～300
半促成 （6段摘心）	愛知	生土容積抽出法	5月中旬～7月上旬	収穫全期間：100～200
促成 （長期どり）	神奈川	生土容積抽出法	3～7月	2月まで：250～350 3月以降：200～300
露地ナス	埼玉	生土容積抽出法	7月上旬～10月中旬	収穫全期間：250～300
促成イチゴ	埼玉	生土容積抽出法	12月下旬～4月下旬	収穫全期間：80～160
セルリー	静岡	吸引法		栽培全期間：400～600
バラ	千葉	吸引法	10～6月	栽培全期間：400～600
カーネーション	千葉	吸引法	10～5月	栽培全期間：1,000
キク	宮城	吸引法	7月下旬～8月中旬	栽培全期間：500～1,000

れるセルリーについても基準値が明らかにされている。これらをまとめると表3―12のように示すことができる。

④土壌溶液の診断基準値は作型による差は少ない

葉柄汁液によるリアルタイム栄養診断では、同一の野菜、花きでも生育ステージや栽培時期がかわればそれぞれの作型に合わせて、硝酸イオン濃度の診断基準値を設定していく必要があった。しかし、土壌溶液診断ではキュウリの例でもわかるように、収穫時期や作型が異なっても硝酸イオン濃度の基準値は同じであり、いちど診断基準値を設定しておけば幅広く適用できる利点がある。この理由として、栄養生長または栄養生長と生殖生長が同時進行している野菜や花きは、栽培時期や生育ステージが異なっても、生育期間中の土壌中の無機態窒素含量の適正値は同じになる場合が多いと考えられる。

生育後期に窒素含量を落とすメロン、濃度障害に弱いイチゴなどの例外はあるが、栽培期間中に必要とする土壌の硝酸態窒素含量は生土で八～一〇mg／一〇〇g、乾土で一〇～一五mg／一〇〇gである。これを土壌溶液中の硝酸イオン濃度に換算すると、吸引法では四〇〇～六〇〇ppm前後、生土容積抽出法では二五〇～三〇〇ppm前後になり、野菜、花きの多くはこの含量を維持できるように施肥管理を行なっていけば安定栽培に結びつくと判断される。

4　実際の診断手順と施肥改善事例

リアルタイム診断は最初はやや煩雑に感じるが、慣れれば一〇分程度の短時間ででき、診断の結果、養分過剰ならばむだな施肥を行なわなくてすみ、不足なら追肥量や追肥回数を多くして土壌養分や作物体養分を正常に保つことができる。

実際には七～一四日間隔にリアルタイム栄養診断または土壌溶液診断のどちらかを行ない、測定値と診断基準値を照らし合わせる。そして、測定値が診断基準値より高ければ追肥をひかえ、逆に低ければただちに追肥を実施し、また診断基準値内なら通常の施肥管理を行なうというように、生産者自らが科学的な根拠をもって追肥の要否の判断を下すことができる。

以下、現場での測定手順と、栄養診断、土壌溶液診断による施肥改善の事例を示す。

（1）　測定手順

①栄養診断

葉柄を搾汁して汁液中の成分を測定するまでには、既述の簡易測定器具のほかに、にんにく搾り器、二～五ml程度の駒込ピペット、五〇～一〇〇mlのシリンダー、シリンダー内の検液を入れる容器、蒸留水を用意する。

具体的な手順として、採取してきた葉柄五～一〇本程度をハサミで一cm前後に切り、にんにく搾り器で搾汁して葉柄汁液を得る。次に、五〇倍に薄めた汁液にしようとするならば、駒込ピペットで汁液二mlを一〇〇mlのシリンダーに入れ、蒸留水を加えて一〇〇mlとする。シリンダー内の薄めた汁液を一五〇～二〇〇ml程度の小さな容器に移し、簡易測定器具を用いて硝酸イオン濃度などを測定する。

イチゴ、イチジクなど葉柄が硬くて、にんにく搾り器で汁液を採取できないときは、上記の器具のほかに少量の葉柄を測定する秤、すり鉢か乳鉢が必要である。この場合、五〇倍に薄めた葉柄汁液を得るには、五mm程度に切った葉柄二gをすり鉢か乳鉢に入れ、九八mlの蒸留水をシリンダーに採取し、最初は五～一〇mlの蒸留水をすり鉢か乳鉢に入れてよくすりつぶし、残りの蒸留水を入れれば目的とする薄めた汁液となり、そのまま簡易器具で測定することができる。

図3―29　リアルタイム診断に必要な器具類

左から　駒込ピペット，にんにく搾り器，シリンダー，ビーカー，すり鉢

②土壌溶液診断

吸引法

三～五本のミズトール、採水した土壌溶液を入れるためのポリ容器が必要である。メルコクァント硝酸イオン試験紙、RQフレックスでは、土壌溶液の濃度が高くて直接測定できない場合があるため、採水した土壌溶液を五倍前後に薄めるための、一〇〇ml程度のシリンダーや、蒸留水が新たに必要である。

生土容積抽出法

一〇〇mlと一五〇mlの位置に印を付けた二〇〇～三〇〇mlの広口のポリ容器を用意し、最初に一〇〇mlの位置まで蒸留水を入れ、圃場の五地点以上から採取した生土をよく砕いて葉などの夾雑物を取り除き、生土を一五〇mlの位置まで加える。

これを手振り振とうで一分間ずつ二回行ない、すぐに測定したい場合はロートとろ紙を準備してろ過を行なう。急がない場合は四～五時間静置すれば上澄液を得ることができる。また、蒸留水のかわりに〇・二%の塩化カルシウム溶液（$CaCl_2 \cdot 2H_2O$）を入れると土壌は懸濁せず、ろ過を省いて短時間で測定できるので便利である。

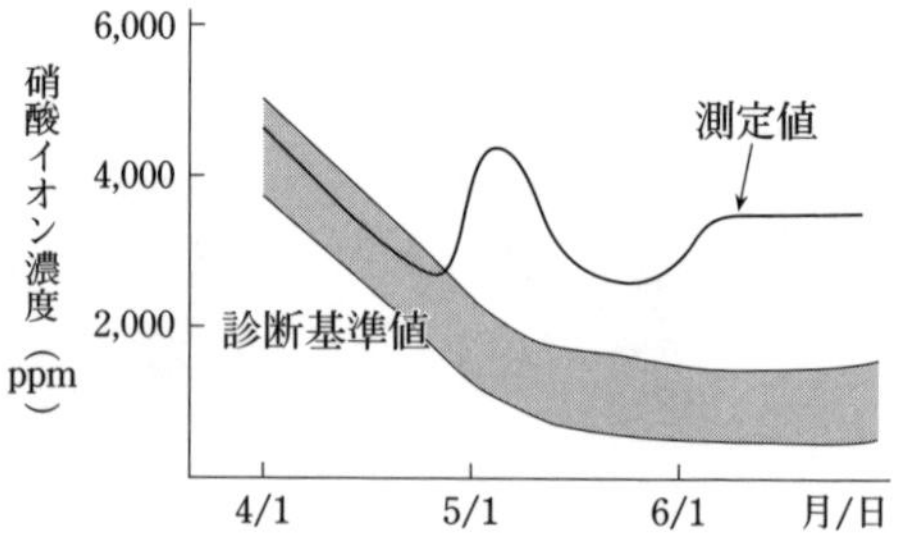

図3―30　促成キュウリでの葉柄汁液の硝酸イオン濃度の診断事例

(2) 施肥改善の事例

①栄養診断

《キュウリ》

促成キュウリの作付け前に一〇a当たり基肥窒素を三二kg、オガクズ豚ぷん堆肥五t施用したハウスで、追肥を開始する三月下旬以降から葉柄汁液の硝酸イオン濃度を測定した。葉柄汁液の硝酸イオン濃度は測定ごとに診断基準値（収穫初期：三五〇〇～五〇〇〇ppm、中期：九〇〇～一八〇〇ppm、後期：五〇〇～一五〇〇ppm）よりも高く経過し、収穫終了まで基準値を下回ることはいちどもみられなかった（図3―30）。

従来の施肥管理ならば、かん水に合わせて液肥で四～五回の追肥を実施するが、葉柄汁液の硝酸イオン濃度からキュウリは窒素過剰になっていると判断されたため、本栽培ではかん水のみを実施し、一〇kg／一〇a前後のむだな追肥を省力できた。

《トマト》

トマトの半促成栽培（一四段収穫）では収穫始期～摘心期に葉柄汁液の硝酸イオン濃度を一〇〇〇～二〇〇〇ppmに維持することにより目標収量を確保でき、一〇〇〇～二〇〇〇ppmを下回ったときが追肥の目安とされる。

T、Oの二人の生産者の葉柄汁液の硝酸イオン濃度を定期的に測定すると、T生産者は三〇〇〇ppm以上で経過したため無追肥に、O生産者は収穫中期に二〇〇〇ppm以下になったため追肥を行ない、その後は二〇〇〇ppm以上に経過したことから一回のみの追肥となった。二回の追肥を実施した慣行栽培区と比較しても、栄養診断区は同収量であり、栄養診断により三～四kg／一〇aの追肥量を省くことができ、跡地土壌の窒素含量も低く抑えることができた（千葉農総セ、山本ら）。

②土壌溶液診断

《バラ》

バラの栽培期間は三～六年と長く、その間の不適切な施肥管理によって障害を受けることがある。A園とB園か

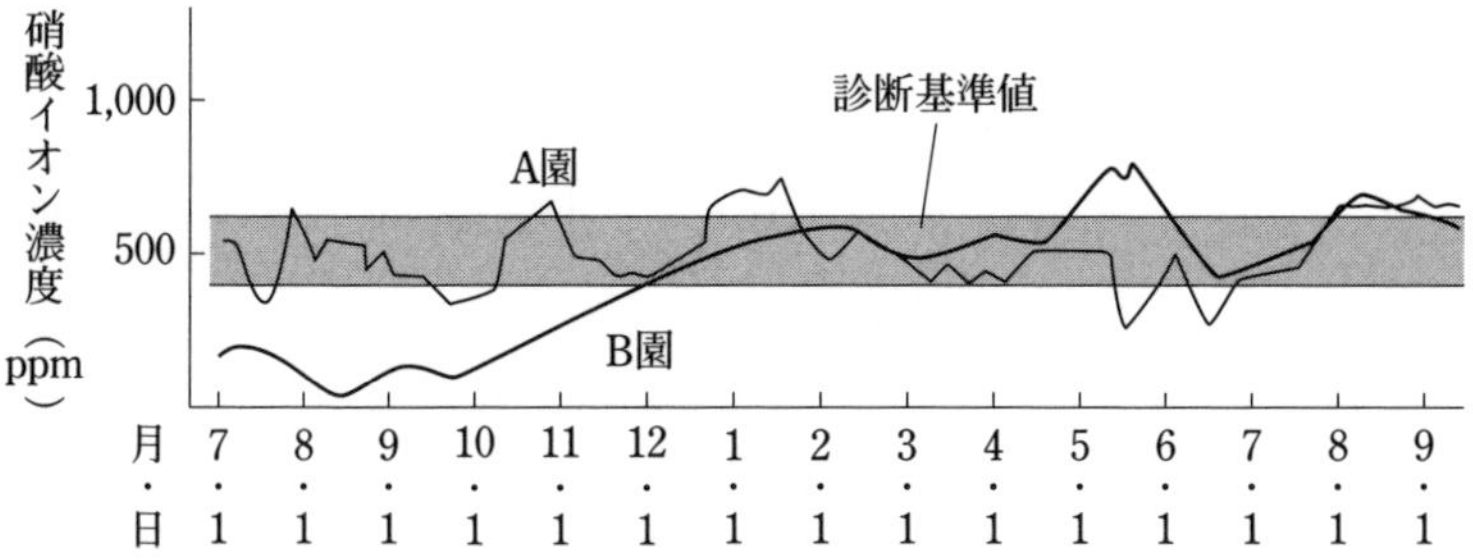

図3−31　バラでの土壌溶液の硝酸イオン濃度の診断事例
（千葉県，白崎）

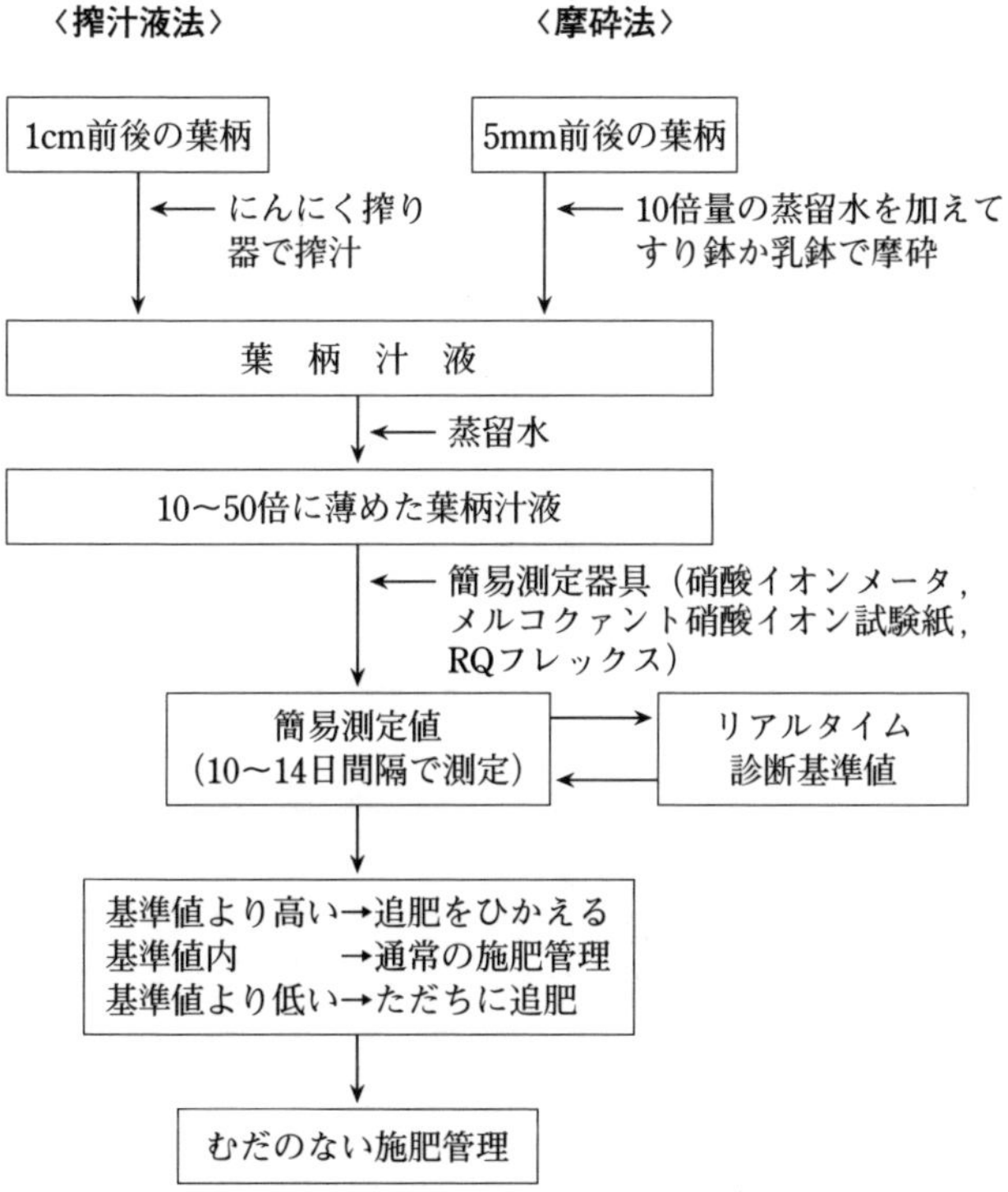

図3−32　リアルタイム栄養診断の測定手順

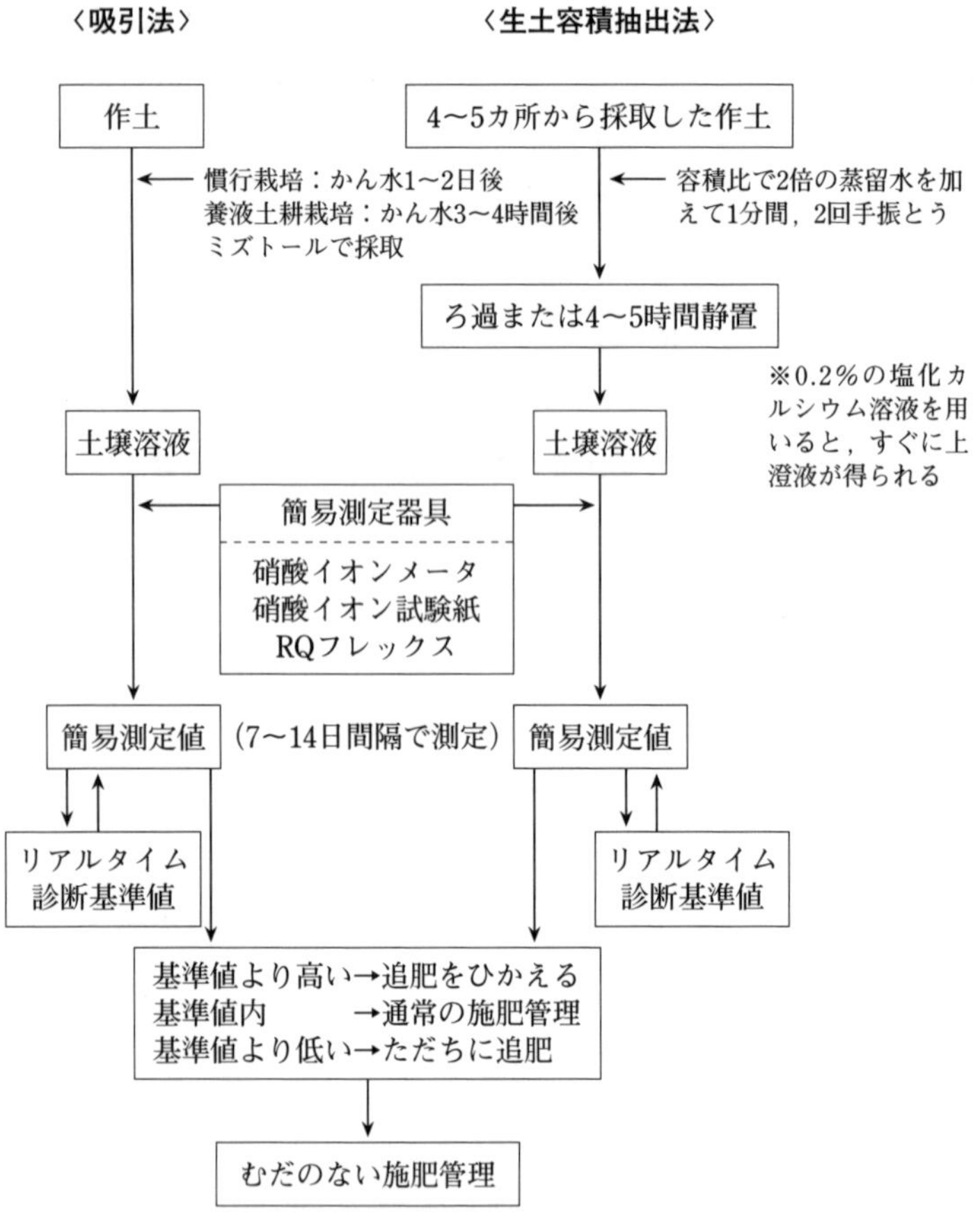

図3―33　リアルタイム土壌溶液診断の測定手順

ら、ミズトールを使用した吸引法で深さ二〇cmの位置で土壌溶液を採取し、硝酸イオン濃度を測定した。

A園では一回につき窒素一kg／一〇aを一〇〇ppmの薄い液肥で定期的に追肥することにより、土壌溶液の硝酸イオン濃度を基準値内で経過させることができ、バラの生育も良好であった。

しかし、B園では土壌溶液の硝酸イオン濃度の測定を開始した数カ月間は二〇〇ppm以下の濃度で経過し、切り花長が短く、開花期には下葉が早く黄化・落葉し、バラの生育はA園にくらべ不良であった。土壌溶液の硝酸イオン濃度からB園のバラは窒素不足になっていると判断でき、その後は液肥による追肥量や追肥回数を多くして、土壌溶液の硝酸イオン濃度を診断基準値である四〇〇～六〇〇ppmに引き上げ、これによって切り花本数の増加や充実度の高い切り花が収穫できるようになった（千葉県、白崎）（図3―31）。

以上のように、リアルタイム栄養診断、土壌溶液診断はわれわれが尿検査、血液検査、血圧を測定して体調を管理するようなものであり、リアルタイム診断を定期的に実施することにより、野菜・花きの栄養状態を好適な状態に保つことができる。最後に栄養診断、土壌溶液診断の測定手順のフローを図3―32、3―33に示す。

5 リアルタイム診断で野菜の品質を診断

ホウレンソウなどの葉物類は栽培期間が短く、通常は追肥をしないので、リアルタイム栄養診断に対する要求度は低い。しかし、この診断技術を用いて収穫後の葉物類の品質評価を行なうことが可能で、特にRQフレックスは硝酸イオンのほか、ビタミンCも測定できるため、野菜の品質評価のための大きな武器になる。

(1) 窒素の施肥量と硝酸イオン、ビタミンC含量

野菜にはビタミン、ミネラル、タンパク質など、生命を維持するのに必要な栄養素のほかに、硝酸イオンが含まれている。人間が野菜を摂取すると、硝酸イオンの一部が亜硝酸イオンとなり、発ガン性が指摘されるN－ニトロソ化合物が生成されるため、野菜の硝酸イオン含量は低いほうがよいとされている。

ホウレンソウ、コマツナなどの葉物類は、キャベツ、ハクサイなどにくらべ硝酸イオン濃度が高く、窒素施肥の影響によって大きく変動するため、収穫物の内的な品質評価として硝酸イオン濃度が一つの指標になる。標準的な収量を得ながら、一定の基準値以下に硝酸イオン濃度を維持できる施肥管理が必要である。

そこで、慣行の窒素施肥を行なった標準施肥区、標準施肥の半量の減肥区、標準施肥の二倍量の増肥区を設け、春まきのコマツナ、チンゲンサイ、初冬まきのホウレンソウ（トンネル栽培）について、窒素施肥量と収量、葉身のビタミンC含量、葉柄中の硝酸イオン濃度の関係を調べた（表3―13）。

表3−13　窒素施肥量のちがいによる葉物類の収量，内的品質（埼玉農総セ，山﨑）

試験区	コマツナ			チンゲンサイ			ホウレンソウ		
	収量指数	ビタミンC（ppm）	硝酸イオン（ppm）	収量指数	ビタミンC（ppm）	硝酸イオン（ppm）	収量指数	ビタミンC（ppm）	硝酸イオン（ppm）
標準施肥	100	840	3,780	100	640	4,140	100	1,190	2,900
減肥	79	870	1,670	100	640	2,960	90	870	320
増肥	100	750	6,740	106	570	4,480	85	750	4,750

注　ビタミンCは葉身，硝酸イオンは葉柄の濃度

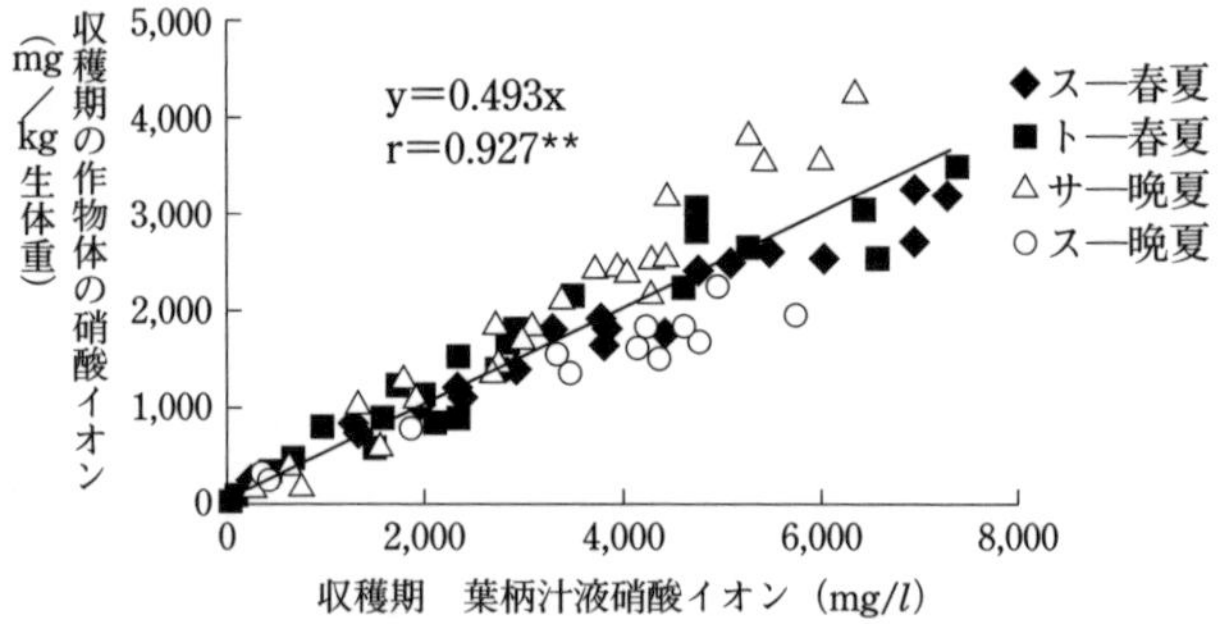

図3−34　収穫期ホウレンソウの葉柄汁液硝酸イオン濃度と新鮮重当たり硝酸イオン含有率の関係

（北海道農研セ，岡崎・建部・唐澤）

注　凡例は品種—作型で，ス—春夏：スペードワン—春夏まき，ト—春夏：トニック—春夏まき，サ—晩夏：サンピア—晩夏まき，ス—晩夏：スペードワン—晩夏まき

　増肥区の収量は標準施肥区にくらべコマツナ、チンゲンサイでやや増収、逆にホウレンソウでは減収し、葉柄中の硝酸イオン濃度は高く、葉身のビタミンC含量は減少した。したがって、多量の施肥を行なっても大幅な増収を期待することはできず、硝酸イオン、ビタミンCを基準とした内的品質は低下すると判断できる。

　減肥区はコマツナ、ホウレンソウで標準施肥区の八〇～九〇％の収量、チンゲンサイで同収量となり、標準施肥区にくらべ葉柄中の硝酸イオン濃度は各葉物類とも低かった。減肥によっても大幅な収量減はみられず、低窒素によるストレスにより内的な品質は高まる結果を示している。

(2) ホウレンソウの硝酸イオン濃度の簡易な評価法

　ホウレンソウなどの葉物類の硝酸イオンは、検体に一定量の蒸留水を加えてミキサーで破砕混合し、ろ液の硝酸イオン濃度をRQフレックスなどで測定後、蒸留水の倍率を乗じて求めるこ

とになる。しかし、測定までの操作がやや煩雑であり、栽培現場で測定するにはより簡便な方法が必要である。

岡崎らは、ホウレンソウの硝酸イオン含有率と葉柄汁液の硝酸イオン濃度には、ややバラツキがあるものの高い相関関係（r＝〇・九二七）があり、収穫期のホウレンソウの硝酸イオン含有率は葉柄汁液の値に〇・四九を乗じることにより換算できることを明らかにしている。

このため、より迅速にホウレンソウの硝酸イオン含量を指標とした品質評価を行なうには、栄養診断と同様ににんにく搾り器により葉柄汁液を採取して、汁液中の硝酸イオン濃度を測定し、係数を乗じて換算値を求めたほうが、栽培現場での実用性があると判断できる（図3―34）。この方法については、ホウレンソウ以外の葉物類についても検討していく必要がある。

目黒らは夏どりホウレンソウの硝酸イオンの指標値を三〇〇〇ppm以下としており、この指標値を超えないような施肥管理が必要である。収穫物の硝酸イオン濃度が三〇〇〇ppm以上の場合は、次作以降、施肥量の削減と残存窒素を考慮した施肥管理法に転換し、内的品質の高いホウレンソウの生産に努めるべきである。

第4章

リアルタイム診断を生かした施肥技術

多くの作物の施肥法は基肥として肥料を全面表層施用し、耕うん後に播種または苗を植え付け、その後の生育状況に合わせて株元の表面に追肥を実施するのが一般的な方法である。

　この施肥法の問題点は、肥料が全面施用されるため、播種または苗の植え付け位置から離れた部分にも肥料が均一に存在することになり、根が伸長して肥料養分を吸収する前に降雨などで溶脱するおそれがあること、また根が到達しなければ未利用となることである。さらに基肥や追肥を施用した直後は土壌中の養分濃度が上昇するが、作物の養分吸収により減少していくため、土壌中の養分濃度の変動が大きくなり、作物根に大きなストレスを与えることになる。

　このため、理想的な施肥法としては、作物根の近くに肥料養分があり、一定した養分濃度で経過すること、さらに施肥量の削減、施肥の省力化がはかれることである。この施肥法を可能にしたのが養液土耕栽培、被覆肥料を用いた全量基肥栽培である。これらの施肥法とリアルタイム診断を組み合わせることによって、土壌条件や作物の生育に対応したより的確な施肥管理を行なうことが可能になる。

1　養液土耕栽培

(1)　養液土耕栽培の利点

　養液土耕栽培は、作物が必要としている養水分を点滴チューブで根圏に供給していく方式であり、装置の導入に一定の経費を要する。そのため、付加価値や収益性の高い施設栽培の果菜類や花き類、多量の窒素施肥を行なう茶樹、一部の露地野菜と花きに適する。

　養液土耕栽培では毎日必要な養水分を供給するので、養水分含量が大きく変動する従来の基肥―追肥の施肥体系にくらべ、作物の栄養条件や土壌の養水分含量を安定して好適に保つことが可能になる。さらにリアルタイム診断によって作物の栄養状態、土壌の養分状態を把握し、毎日供給する養水分量の調節をはかることにより、緻密な養水分管理を確立できる（図4―1）。

　養液土耕栽培の特色を整理すると、①かん水・施肥の省力化、②施肥量の削減、③塩類集積防止、④生育促進効果を上げることができる。このように、養液土耕栽培は生産者が抱えていた問題を解決できる新しい施肥管理法であ

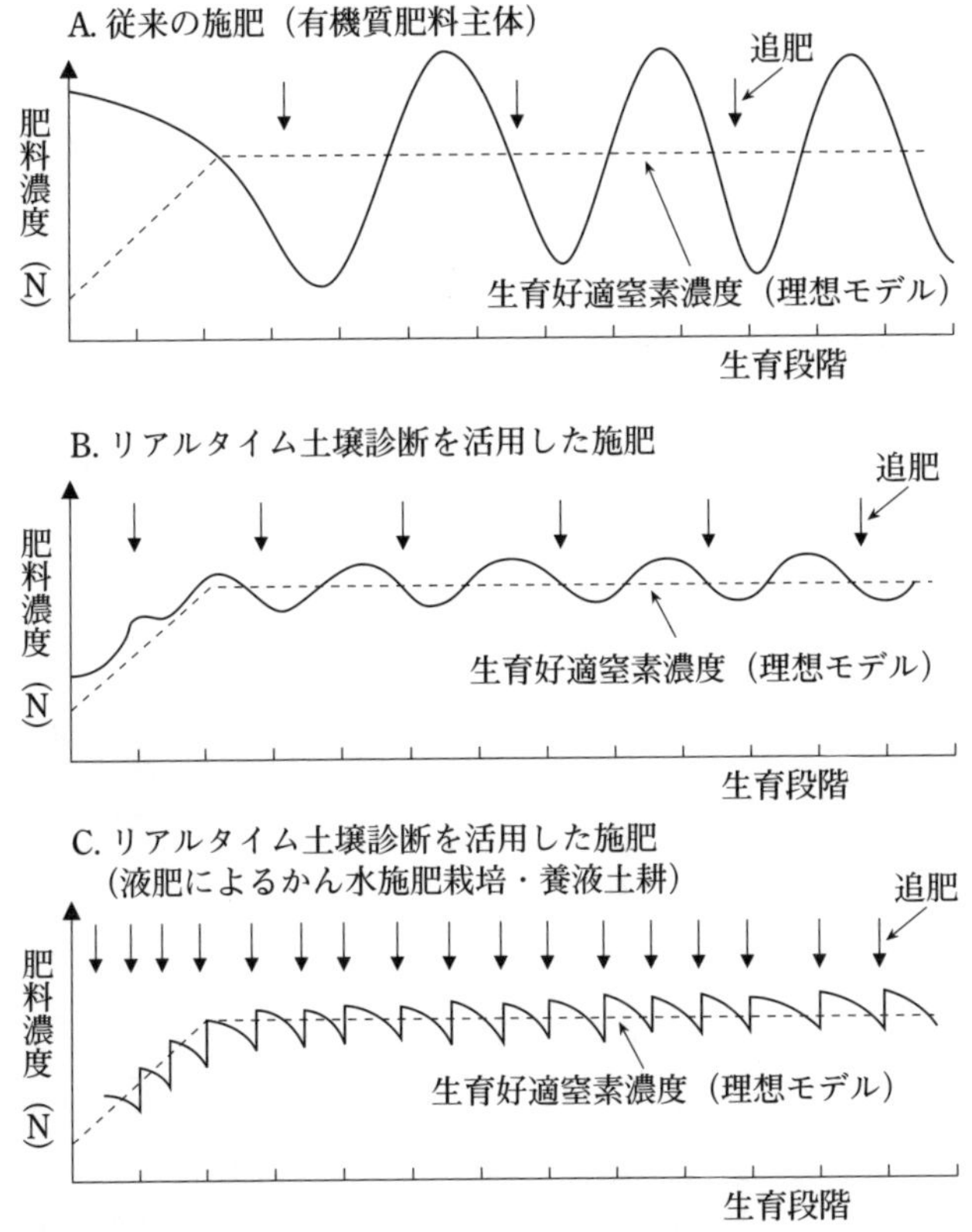

図4―1　養液土耕栽培による施肥管理の特徴
（愛知農総試，加藤）

るが、本栽培法が究極の養水分管理技術として成立するには、栽培システムにかかわるハード面と、養水分を供給する管理マニュアルにかかわるソフト面が、一体化して機能することが必要である。

(2) 栽培システム

①栽培システムの概要

養液土耕栽培のシステムは点滴チューブ、液肥混合機、フィルター、小型ポンプ、給液時間や給液量を指示する制御盤などから成り立っており、システムの概要を図4―2に示す。

時間当たりの給液量は敷設した点滴チューブ長によって決まる。たとえば給液量が一〇〇l／分のとき、一〇〇〇m²に毎日一五〇〇lの水（一・五mm相当）と窒素三〇〇gを供給したい場

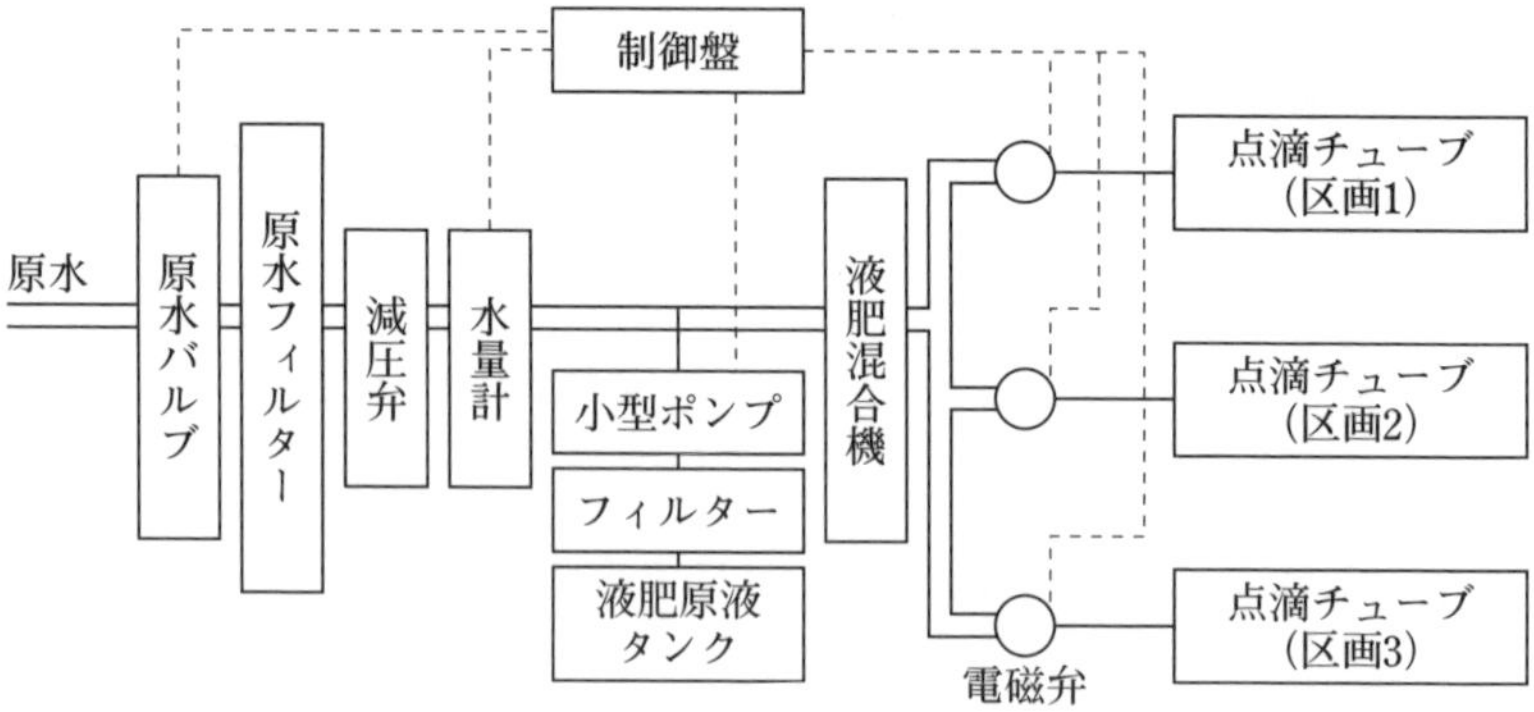

図4−2　養液土耕栽培システムの概要

図4−3　養液土耕装置の本体

合、そのときの液肥の窒素濃度が一五〇〇〇ppm（一・五％）では、液肥の希釈倍率を七五倍に設定し、あらかじめタイマーに、作動開始時間と作動時間として一五分間を入力しておけば、全自動で窒素二〇〇ppmの一五〇〇lの水溶液が毎日供給される仕組みである（図4—2、4—3）。

本システムは必要とする養水分を確実に供給することができるが、システムの頭脳である制御盤はパソコンを使用しているため高価であり、一〇〇〇m^2規模で一〇〇万円、二〇〇〇m^2規模で一二〇万円の経費を要する。最近では精度がやや劣るものの、より低コスト化をねらって市販されている機材を利用し、電源設備のない雨除けハウスなどでも使用可能な簡易な養液土耕栽培システムも開発されている。このシステムは水圧比例式混入器により、原水が流れ始めると設定した量の液肥を自動的に混入運転するもので、乾電池式タイマーコントローラーにより電源がなくても自動的に必要とする養水分を供給できる仕組みである。

②点滴チューブの種類

養液土耕栽培は、作物の生育に合わ

せてかん水同時施肥を行なうため、養水分を均一に供給することが絶対条件であり、これを可能にしたのが点滴チューブの開発である。点滴チューブは硬質と軟質の二つのタイプがある。

硬質チューブはかん水の均一性は非常に優れているものの、チューブの壁厚が一mmと厚く、取り扱いになれるまではやや不便さを感じる。軟質チューブは壁厚が〇・二mmと薄く、取り扱いは散水チューブと同じであるが、均一性ではやや劣る。選択にあたっては価格、耐用年数を考慮して決める。

(3) 養液土耕栽培の基本的考え方

①養分吸収量をつかむ

養液土耕栽培の養分管理で重要なことは、栽培する作物の養分吸収量や吸収パターンを把握しておくことである。しかし、作型や地域によっても異なるため、個々の生産者が正確な値を知ることはむずかしく、キュウリを例にしても、半促成栽培と抑制栽培では果実一tを生産するのに必要な窒素量は二〇%程度の差がみられる。

しかし、果菜類は栽培期間が長く、養分吸収量も多いので、施肥設計を立てるうえでも養分吸収量の概算値は必要であり、表4―1のように主要な果菜類における収穫物一tを生産するのに必要な養分量が示されている。本数値はこれまでリアルタイム診断の試験で求めたキュウリ、ナス、イチゴなどの養分量と比較しても近い値であり、各果菜類の吸収量の概算を求めるには適した表といえる。

たとえば、キュウリを栽培して一〇a当たり一五tの果実収量が得られたときの養分吸収量を求めようとする場合、表4―1の数値に一五を掛ければ概算値を求めることができる。

②単肥配合の必要性

窒素は作物生育とのかかわりがもっとも強い養分なので、養液土耕栽培でも窒素の施肥管理が中心となる。しかし、それと同時に施設土壌ではリン酸

表4―1　主要な果菜類1tを生産するのに必要な養分吸収量（kg）　　（高知，山崎）

野菜名	窒素	リン酸	カリ	カルシウム	マグネシウム
キュウリ	2.4	0.9	3.4	2.8	0.8
カボチャ	4.4	2.2	8.8	4.2	1.9
スイカ	2.0	0.6	1.8	1.2	0.2
メロン	4.2	1.4	7.3	6.1	2.6
トマト	2.1	0.7	4.8	2.0	0.7
ナス	3.4	1.0	5.7	1.7	0.6
イチゴ	4.0	1.3	6.1	2.7	0.9
ピーマン	4.5	1.8	5.9	4.0	1.5

表4－2　窒素とカリを単肥配合するときの肥料の配合割合

窒素：カリ（濃度比）	硝酸カリ：硝安（重量比）	窒素1%液・100l作成		窒素1.5%液・100l作成	
		硝酸カリ	硝安	硝酸カリ	硝安
1.0：0.8	1.00：1.28	1.73kg	2.21kg	2.60kg	3.32kg
1.0：1.0	1.00：0.94	2.16	2.03	3.25	3.06
1.0：1.2	1.00：0.72	2.58	1.86	3.87	2.79
1.0：1.5	1.00：0.50	3.22	1.61	4.83	2.42

注　1）硝酸カリ，硝安（硝酸アンモニウム）をそれぞれ水100lに溶解させることにより，所定の濃度に設定できる
2）硝酸カリは窒素13.9%，カリ46.5%，硝安（硝酸アンモニウム）は窒素34.4%として計算

が過剰に蓄積している実態があり、土壌中の可給態リン酸含量が一〇〇g当たり一〇〇～二〇〇mgのときは半量、二〇〇mg以上のときは無リン酸にしても作物生育に対する影響はない。リン酸富化の防止、経費の節減のためにも単肥配合に取り組んでいく必要がある。

施設土壌では塩類蓄積も問題となっている。これを防ぐため、養液土耕栽培では副成分を含まない専用肥料を使用している。単肥配合を行なうときでも硝酸カリ、硝安（硝酸アンモニウム）、硝酸石灰、尿素など、副成分のない肥料を組み合わせて使用していくことが最善である。たとえば、硝酸カリ、硝安を用いて単肥配合をしようとする場合、表4－2のように組み合わせて配合すればよい。最初は多少の手間を要するが、慣れれば簡単に行なうことができ、生産者自らが肥料の配合を考えていく未来型の施肥法である。また、地域によっては原水に重炭酸が多い場合もあり、液肥にリン酸が配合されていると重炭酸がリン酸と結合して難溶性の塩類を生じ、点滴チューブの目詰まりの原因になる。これを防ぐためにも単肥配合が必要だと考える。

カリについては、有機物施用により、施設土壌のカリ含量も過剰傾向にある。カリを減肥した栽培を続けてもただちにカリ欠乏状態になることはない。しかし、多くの野菜・花きは窒素にくらべカリの吸収量が多く、特に果菜類ではトマト、ナス、花きではキクなどがカリの吸収量が窒素の二倍近くか、それ以上になることもある。基本的には窒素よりもカリの施肥量を増量していく必要がある。

③栽培時期に応じた養水分管理

慣行栽培での施肥量は、養分吸収量

の一・五～二・〇倍を想定して決められている。しかし、養液土耕栽培では施肥効率が高く、土壌からの養分供給もあるので、養分吸収量と同等かやや少ない量を全栽培期間にわたって施用していけばよく、慣行栽培にくらべ三〇～五〇％の肥料の節減はできる。

春～夏に向かう作型では供給する養分量をほぼ一定にするが、気温が高くなって作物の蒸散量が多くなるのに合わせてかん水量は徐々に増加させていく。秋～冬に向かう作型では気象条件がまったく逆になるため、段階的に供給する養分量、かん水量を減らしていく。冬期間の栽培では生育量が少なくなるので、低い水準での一定した養分量、かん水量が必要である。この時期はかん水量が多すぎて多湿になりがちなので、pF二・〇～二・二前後を保てるように、かん水には十分に注意する。

また、土壌条件によって保水性が異なるので、かん水量は粘質土壌では少なく、砂質土壌では多くし、保水性が劣る土壌条件では一日当たりのかん水量を二～三回に分けて行なう。このため、土壌水分を好適な条件に維持していくには、土壌のpF値を指標にかん水量を調節していく必要があり、pFメータの設置は必須である。

④土づくりの重要性

養液土耕栽培は、養水分の供給方式が養液栽培に類似しているので、土壌は作物根を支持する培地と思われ、土づくりの重要性が忘れがちになる。しかし、実際には土壌の緩衝作用、養分保持力、養分供給力を生かした土耕栽培である。それと同時に、点滴かん水された水を根群域に広く湿潤させるため、団粒構造が発達した物理性の良好な土壌条件が求められる。

土壌に施用された有機物は微生物によって分解されるとともに、土壌中で化学的作用を受けてやがては土壌腐植となる。腐植は緩衝能、養分保持力に優れ、緩効的な養分の給源であり、さらに腐植になる過程で土壌団粒が形成されるなど、作物の生育にとって大きな役割をはたしている。このため、養液土耕栽培で安定生産をはかっていくには、毎年二～三ｔ／一〇ａの持続的な有機物の施用が重要である。有機物の種類としては、腐植の給源となり物理性の改良に役立つ、ワラ類、バークなど粗大有機物を主体とした堆肥を施用していく必要がある。

⑤リアルタイム診断の活用

養液土耕栽培では生育に必要な養水分を供給していくが、土壌の肥沃度や養分含量は個々の圃場によって異なる。そのため、定期的にリアルタイム診断を行ない、供給する養分量を調節する必要がある。

　作物生育に適した栄養条件は不変であるため、施肥法にかかわらず栄養診断基準値はそのまま適用できる。しかし、養液土耕栽培では養水分が常に薄い液肥として施用されるため、慣行栽培よりも低い土壌養分量でも同等以上の収量を上げることが可能となる。そのため、土壌溶液診断の基準値をそのまま適用すると養分過剰になるので、慣行栽培の基準値の五〇％以下を目標に養水分管理を行なうべきである。

(4) 養液土耕栽培の検証
――なぜ、土壌環境が改善されるのか

　養液土耕栽培は毎日必要な養水分を株元に施用するので、従来の慣行栽培にくらべ施肥量の節減が可能であり、施肥効率を向上できる。それによって、土壌養分や水分含量の変動が少なくなり、土壌環境が改善される。

　なぜ、養液土耕栽培にはこのような利点があるのか、キュウリ、ナスでの試験結果を解析して、その理由を明らかにしていきたい。

①半促成キュウリを例に

　半促成キュウリの葉柄汁液の硝酸イオン濃度の診断基準値は、四月上旬の収穫初期が三五〇〇～五〇〇〇ppm、五月上旬の収穫中期が九〇〇～一八〇〇ppm、六月以降の収穫後期が五〇〇～一五〇〇ppmである。そこで、養液土耕栽培、慣行栽培ともに七～一〇日間隔でリアルタイム診断を行ない、硝酸イオン濃度の診断基準値を維持できるように窒素施肥を行なった。

　かん水量は、養液土耕栽培はキュウリのかん水開始時のpF値が二・〇前後とされているため、圃場容水量よりやや低水分のpF一・八を土壌水分の管理目標値とし、圃場に設置したpFメータで供給するかん水量を増減した。また慣行栽培のかん水量は、収穫期間中、一〇日間隔で二〇分間行なった。

　実際の養液土耕栽培、慣行栽培の養水分管理を示したのが表4―3である。

　慣行栽培は基肥として窒素を二〇kg／一〇a、追肥として収穫開始以降は二〇日間隔で二〇kg／一〇aを四回に分けて施用した。

　養液土耕栽培では、定植後、活着してから収穫終了までの窒素量が一〇a当たり二四〇～三〇〇g／日、かん水量が七五〇～一五〇〇l／日で、収穫後期になるにしたがって、日射量多く、外気温が高くなるため、かん水量を増加させていった。

　慣行栽培、養液土耕栽培ともに、葉柄汁液の硝酸イオン濃度は診断基準値

表4—3　半促成キュウリの窒素の養水分管理の実際（10a当たり）

慣行栽培	養液土耕
基肥：20kg，追肥：20kg（収穫開始以降，4回に分けて施用） かん水：収穫時期，10日間隔に20分間実施 全施肥量：40kg 上物収量：13.7t	2月25日～3月31日：350ppm，750l/日 4月1日～5月31日：300ppm，1,000l/日 6月1日以降：160ppm，1,500l/日 全施肥量：32kg 上物収量：15.2t

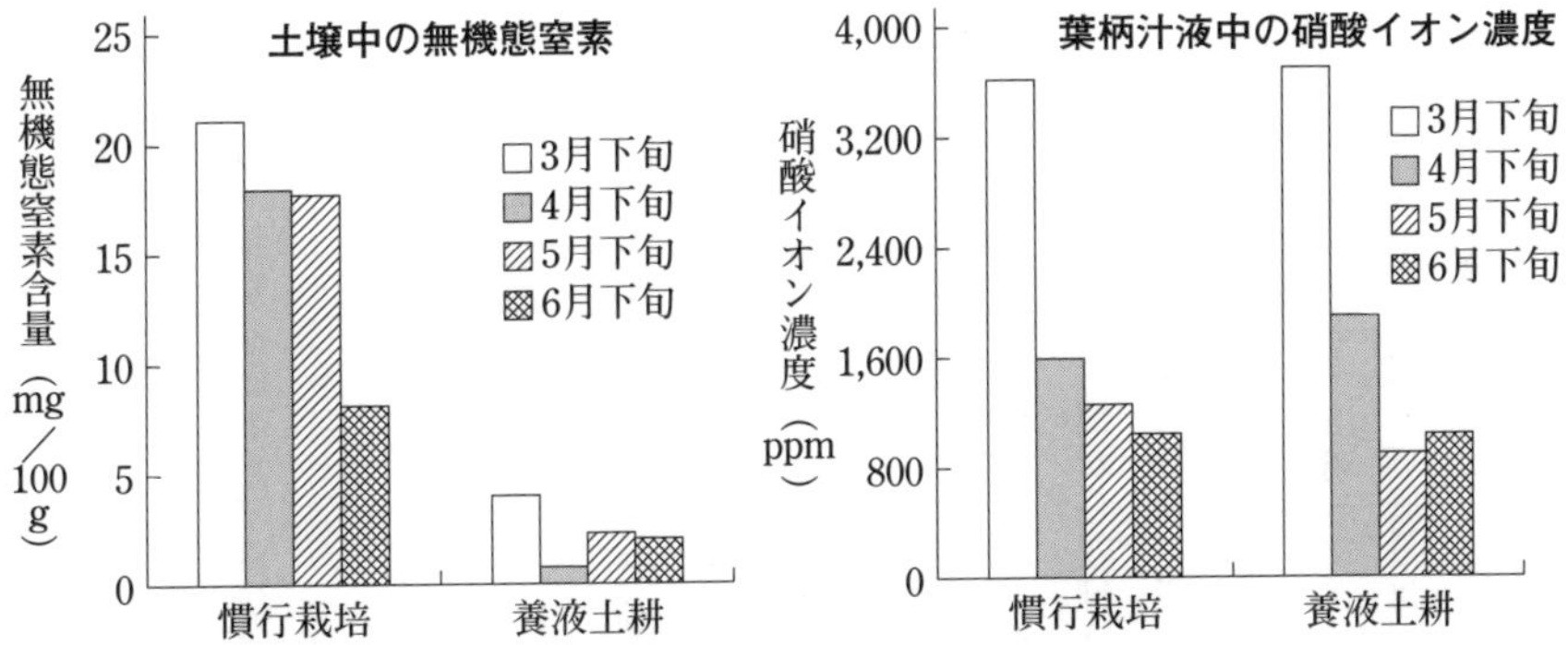

図4—4　慣行栽培と養液土耕栽培の半促成キュウリの土壌中の無機態窒素，葉柄汁液中の硝酸イオン濃度

内で経過させることができ、養液土耕栽培は慣行栽培にくらべ、二〇%少ない窒素量で同等の栄養状態を維持することができた。

栽培期間中の土壌の無機態窒素含量をみると、慣行栽培が一五mg／一〇〇g前後で経過するのに対し、養液土耕栽培は二～三mg／一〇〇gとなっている。通常の栽培では、土壌中の無機態窒素含量が五～八mg／一〇〇g以下になると、窒素欠乏になり生育への影響を受ける。しかし、毎日生育に必要な窒素が液肥の形で根圏に供給されるため、効率よくキュウリが吸収することができ、少ない窒素含量でも好適な栄養条件を保持することができる（図4—4）。

土壌水分は、慣行栽培がかん水直後ではpF一・二前後、その後はかん水を開始するpF二・三前後まで徐々に高くなり、pF一・二～二・三の範囲で大き

表4―4　半促成ナスの窒素の養水分管理の実際（10a当たり）

（埼玉農総セ，山﨑）

慣行栽培	養液土耕
基肥：20kg，追肥 20kg（収穫開始以降，4回に分けて施用） かん水：収穫時期，5～15日間隔に実施 全施肥量：40kg 上物収量 6.9t	20％減肥区 2月22日～3月31日：230ppm，1,000l/日 4月1日～6月31日：155ppm，1,500l/日 7月1日以降：75ppm，3,000l/日 全施肥量：32kg 上物収量：7.4t
	50％減肥区 2月22日～3月31日：155ppm，1,000l/日 4月1日～6月31日：105ppm，1,500l/日 7月1日以降：50ppm，3,000l/日 全施肥量：20kg 上物収量：7.4t

く変動する。これに対し、養液土耕栽培ではpFメータの値を指標にしてかん水量を決め、毎日必要とする水量が液肥の形で供給されるためpF一・七〜二・〇の一定した範囲で保つことができる。

②半促成ナスを例に

　無加温半促成ナスの試験では、慣行栽培は基肥として窒素を二〇kg／一〇a、追肥として収穫開始以降に二〇kg／一〇aを四回に分けて施用し、かん水は収穫期間五〜一五日間隔に行なった。養液土耕栽培では、定植から収穫終了まで窒素を一〇a当たり一五〇g／日（五〇％減肥区）、二三〇g／日（二〇％減肥区）施用する二つの区をつくった。窒素施肥量は、合計で一〇a当たり二〇kgと三二kgである。土壌水分は、キュウリよりやや低水分のpF二・〇〜二・四を維持できるように設定した。かん水量は一〇〇〇〜三〇〇〇l／日で、収穫後期になるほど多くなった（表4―4）。

　施肥水準の高い養液土耕二〇％減肥区は、葉柄汁液の硝酸イオン濃度が五〇〇〇〜七〇〇〇ppmと高く経過したが、施肥水準の低い養液土耕五〇％減肥区は慣行栽培と同様に、四〇〇〇〜六〇〇〇ppmと診断基準値内で経過させることができ、慣行栽培の五〇％の施肥量でも同等の窒素栄養を保つことが可能であった（図4―5）。

　慣行栽培の無機態窒素含量は三〇mg／一〇〇g前後で経過しているのに対し、養液土耕二〇％減肥区、五〇％減肥区ともに四〜八mg／一〇〇gと低く、土壌水分についても変動が少なく、前記の半促成キュウリと同様である。

　果実収量は養液土耕の各区ともに慣行栽培にくらべやや多収となり、葉柄

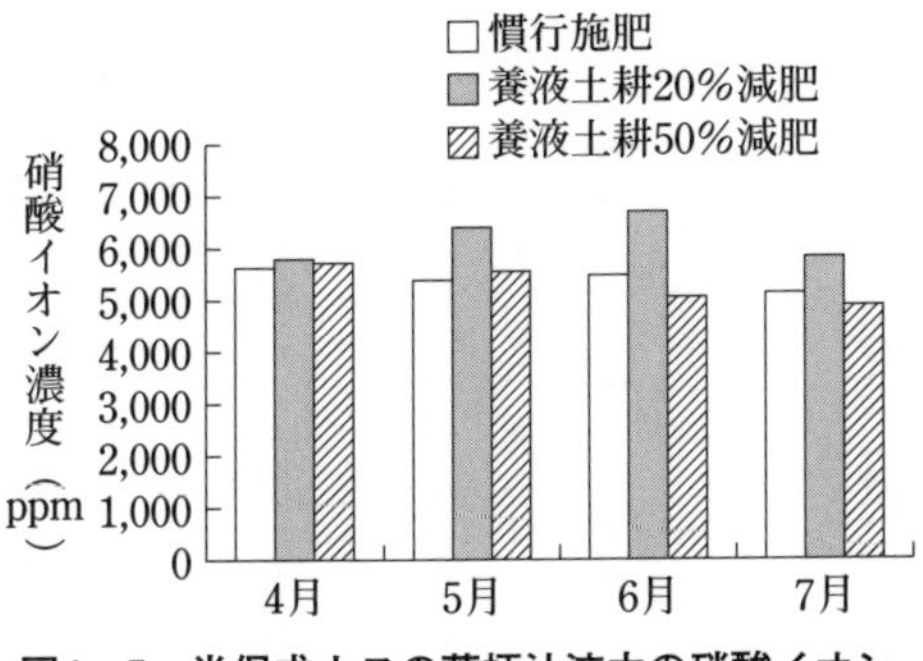

図4−5　半促成ナスの葉柄汁液中の硝酸イオン濃度

（埼玉農総セ，山﨑）

汁液中の硝酸イオン濃度から判断すると、窒素二三〇g／日施用した二〇%減肥区は窒素過剰の傾向がある。施肥量は窒素一五〇g／日の五〇%減肥区の水準でよく、慣行栽培の五〇～六〇%に相当する窒素量を全期間にわたって均等に施用することにより、安定生産に結びつくと判断される。

この二つの試験から確実にいえるこ

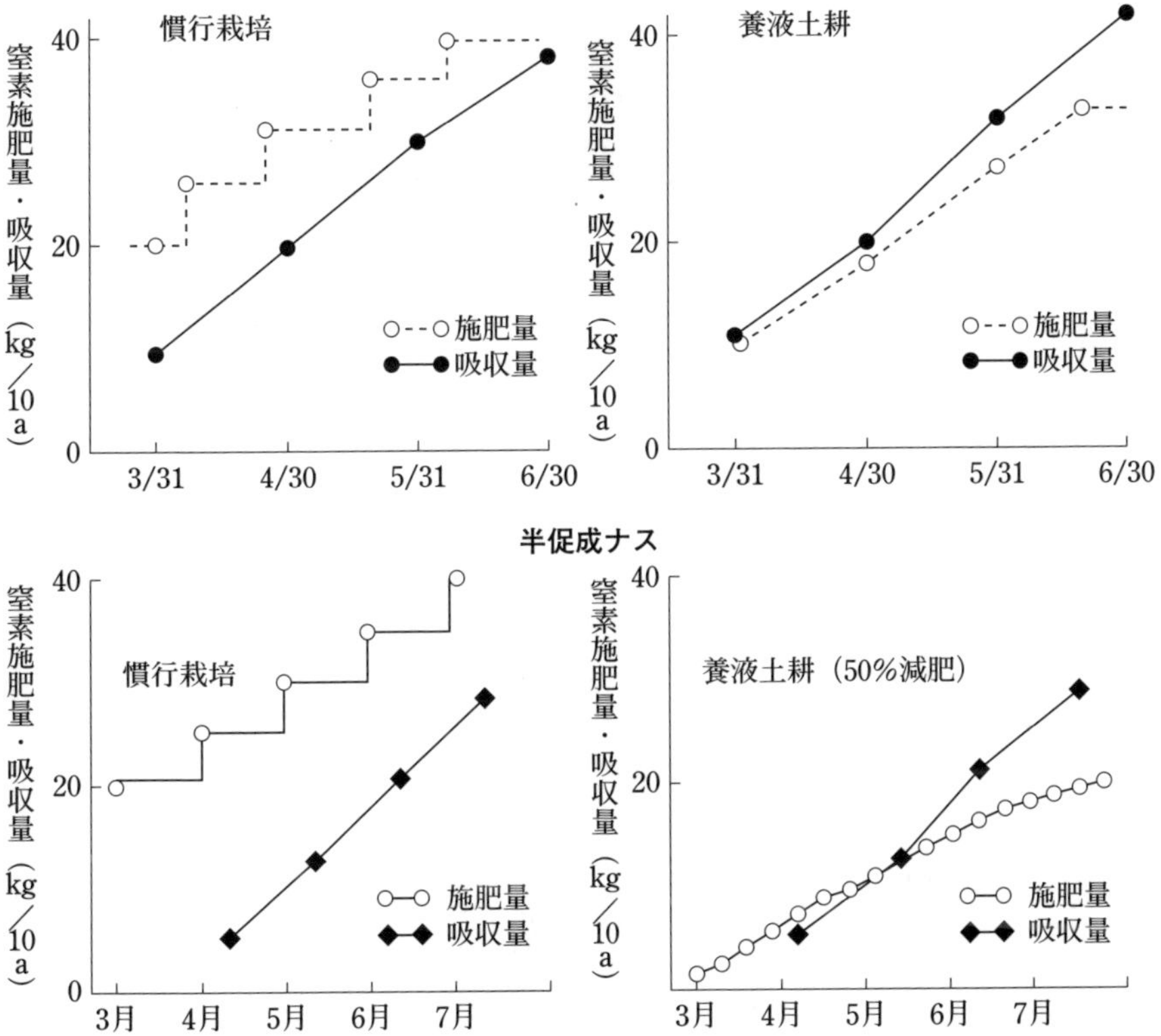

図4−6　半促成キュウリ，半促成ナスの窒素施肥量と吸収量の関係

とは、①養液土耕栽培は施肥窒素量を削減しても、葉柄汁液中の硝酸イオン濃度を慣行栽培と同等に維持できること、②栽培期間中の土壌の養分含量は低く経過し、あわせて水分変動が少ないため、根に対するストレスの軽減をはかることができ、細根量の増加につながり果実収量においても優るようになること、である。

さらに、前ページ図4—6のように、キュウリ、ナスともに慣行栽培では窒素施肥量に対して吸収量は大幅に少なくなっているが、養液土耕栽培は養分吸収量と施肥量がほぼ一致している。慣行栽培にくらべ窒素の利用率を明らかに高くでき、施肥量の削減に結びつく効率的な施肥管理技術といえる。

2　養液土耕栽培の養水分管理の実際

(1)　野　菜

①トマト

作型

施設栽培の作型は促成トマト、半促成トマト、および東北、北海道、標高の高い冷涼な地域では夏秋トマトの栽培が行なわれ、五～六段の摘心栽培から一五段以上収穫する長段栽培まで多くの作型が分化している。

なお、トマトの作型で養液土耕に適するのは、春→夏→秋の栽培である。秋→冬→春の栽培になる促成栽培は、定植後、生育を制御するため水分ストレスを与える栽培方法がとられている。このため、かん水開始は二月下旬以降となり、かん水同時施肥を適用できる期間が短くなる。

養水分管理

愛知県では五月上旬定植、十一月下旬に一五段目の果実収穫が終了する、夏秋トマトの長期栽培について検討している。養水分管理は、定植から七月上～中旬の第六花房開花期まで窒素施用量を徐々に増加させ、最大で一日当たり一八〇mg／株（三六〇g／一〇a）とし、その後は段階的に減少させていき、十一月中旬以降は無施肥とした。かん水量は、夏の高温時を経過するため、窒素施肥量に準じ、七～八月の二カ月間は二l／株（四〇〇〇l／一〇a）とし、十月以降は〇・五l／株（一〇〇〇l／一〇a）以下とした。そして、可販収量一六t／一〇aを実証している（図4—7）。

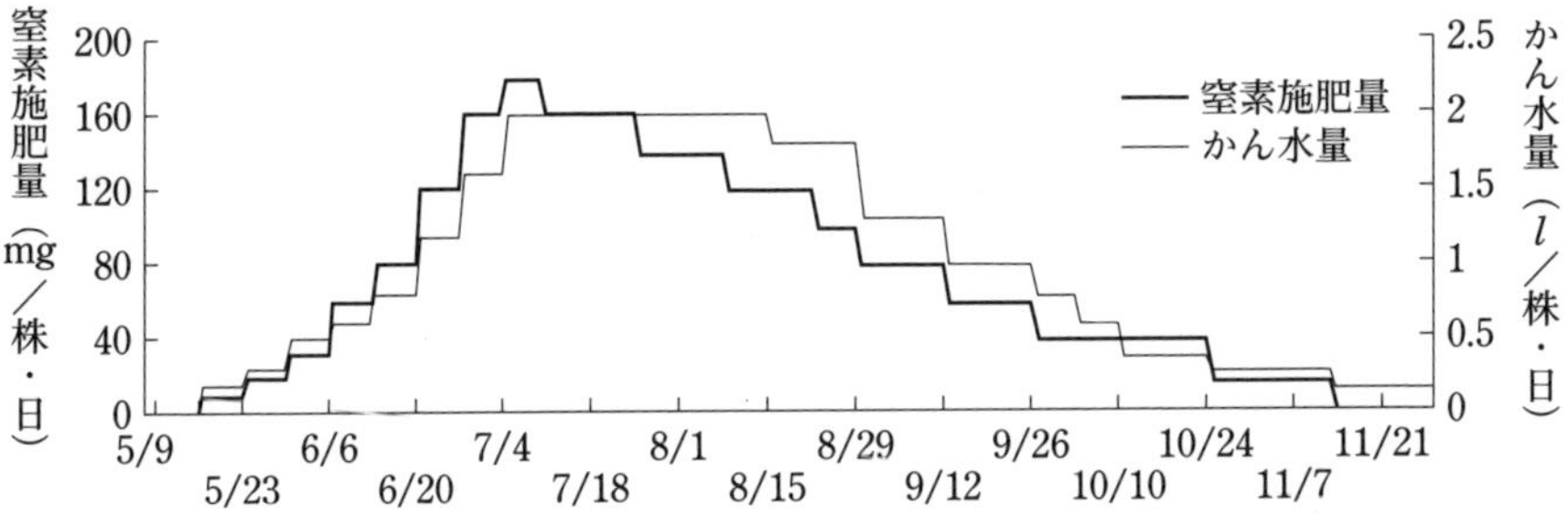

図4―7　夏秋トマトの養水分管理（2,000株／10a）
（愛知農総試，伊藤）

また、長期間の栽培になるため、その間の施肥管理も重要になる。葉柄汁液の硝酸イオン濃度の適正域は、収穫開始時から九月中旬の摘心時までは四〇〇〇〜六〇〇〇ppmとし、この濃度を維持できるように施肥量の増減をはかっていく必要がある。

宮城県では五月上旬定植、十一月上旬に六段までを収穫する夏秋トマトについて検討した。定植〜第五花房開花期にかけて施肥量、かん水量ともに増加させていき、第五花房開花期〜摘心期は窒素一〇〇〜一五〇mg／株、かん水量一・三l／株とし、それ以降は窒素施肥量を減少させる管理方法をとる。そして、葉柄汁液中の硝酸イオン濃度は、第一果房の果実が四〜五cmに肥大したとき第一果房直下葉で五〇〇〇〜七〇〇〇ppm、第二果房直下葉で四〇〇〇〜六〇〇〇ppm、第三果房直下葉以降で二〇〇〇〜四五〇〇ppmとする。また、生土容積抽出法による土壌溶液中の硝酸イオン濃度は一〇〇ppmに維持する必要がある。

夏秋トマトの主要な作型別の養水分管理およびリアルタイム診断基準値の目安を表4—5に示した。

②キュウリ

作型

キュウリは一〜三月にかけて定植し、七月まで収穫する促成、半促成栽培、八月下旬に定植し、九月下旬〜十一月下旬まで収穫する抑制栽培など多くの作型に分化している。また、同じ作型でも、地域によって定植時期や収穫時期、収穫期間に差がみられる。

養水分管理

促成、半促成栽培は収穫期間を通して平均的な収量が得られるが、抑制栽培は収穫初期〜中期にかけては多収であるが、日照時間、気温の低下ととも

表4―5　夏秋トマトの養水分管理の目安（10a当たり）

生育ステージ	かん水量（l/日）	窒素施肥量（g/日）	備考
＜15段収穫＞			定植：5月上旬，収穫：7月上旬～11月下旬 栄養診断基準値（硝酸イオン濃度） 収穫開始～摘心（9月中旬）4,000～6,000ppm
～第3花房開花期（6月上旬）	0～800	0～80	
～第5花房開花期（6月下旬）	1,000～2,400	120～240	
～第7花房開花期（7月上旬）	2,400～4,000	240～360	
～第9花房開花期（7月下旬）	4,000	320	
～第11花房開花期（8月上旬）	4,000	280	
～第13花房開花期（8月下旬）	3,400～4,000	240	
～第15花房開花期（9月中旬）	2,400～3,400	160	
第15花房開花期～（9月中旬以降）	400～2,000	40～120 （愛知農総試，伊藤）	
＜6段収穫＞		基肥10kg/10a	定植：5月中旬　収穫：7月上旬～9月下旬 栄養診断基準値（硝酸イオン濃度） 第1果房直下葉　5,000～7,000ppm 第2果房直下葉　4,000～6,000ppm 第3果房直下葉　2,000～4,500ppm 土壌溶液硝酸イオン濃度 生土容積抽出法：100ppm
定植～第1花房開花期	240～300	―	
～第3花房開花期	1,000～1,250	60～90	
～第5花房開花期	2,000～2,500	140～210	
～摘心期	2,600～3,300	250～380	
摘心期～	2,600～3,300	0～250 （宮城農・園研，上山ら）	

に減収する。越冬栽培は収量水準は低いがほぼ一定して収量が得られるなど、作型によって収穫パターンが異なり、それとともに養分吸収量もちがってくる。したがって、養液土耕栽培での養分供給量もこれに準じることになる。

促成、半促成栽培では栽培期間を通して同施肥量とするが、二～七月の気温の上昇期に栽培するため、かん水量は徐々に増加させていく必要がある。抑制栽培では、促成栽培とは逆の気象条件となるため施肥量、かん水量ともに徐々に少なくしていく。また、越冬栽培は低温、低日照の時期であるため、低い水準での一定した施肥、かん水が必要である。

作型別の養水分管理とリアルタイム診断基準値の目安を表4―6に示した。実際には、リアルタイム栄養診断または土壌溶液診断を行なって、基準

表4―6　キュウリの養水分管理の目安（10a当たり）

作型	時期	かん水量（l/日）	窒素施肥量（g/日）	窒素施肥量（kg/月）	備考
促　成	1月 2月 3月 4月 5月 6月	400～800 600～1,000 800～1,200 1,000～1,400 1,000～1,400 1,400～1,800	180～220 250～300 250～300 250～300 250～300 250～300	2.7～3.3 7.5～9.0 7.5～9.0 7.5～9.0 7.5～9.0 7.5～9.0	定植：1月中旬，収穫終了：6月中旬の場合 栄養診断基準値（硝酸イオン濃度） 3～4月上旬：3,500～5,000 5月上旬：900～1,800 6月上旬：500～1,500ppm 土壌溶液診断基準値（硝酸イオン濃度） 吸引法：200～400ppm 生土容積抽出法：100～200ppm
半促成	2月 3月 4月 5月 6月	400～800 600～1,000 800～1,200 1,000～1,400 1,400～1,800	180～220 250～300 250～300 250～300 250～300	2.7～3.3 7.5～9.0 7.5～9.0 7.5～9.0 7.5～9.0	定植：2月中旬，収穫終了：6月下旬の場合 栄養診断基準値は促成栽培に準じる 土壌溶液診断基準値は促成栽培に準じる
抑　制	8月 9月 10月 11月	1,400～1,800 1,400～1,800 800～1,200 400～800	250～300 250～300 200～250 120～180	3.8～4.5 7.5～9.0 6.0～7.5 3.6～4.8	定植：8月中旬，収穫終了：11月下旬の場合 栄養診断基準値（硝酸イオン濃度） 収穫全期間：3,500～5,000ppm 土壌溶液診断基準値は促成栽培に準じる
越　冬	10月 11月 12月 1月 2月 3月	800～1,200 600～1,000 400～800 400～800 400～800 600～1,000	180～200 180～200 180～200 180～200 180～200 180～200	2.7～3.0 5.4～6.0 5.4～6.0 5.4～6.0 5.4～6.0 2.7～3.0	定植：10月中旬，収穫終了：3月中旬の場合 栄養診断基準値は抑制栽培に準じる 土壌溶液診断基準値は促成栽培に準じる

値を維持できるように養分量の増減をはかり、かん水量についてもpFメータを設置して一・八～二・〇を維持できるようにする。

③ナス

作型

ナスは九月中・下旬に定植し、初夏の七月上旬まで収穫する促成栽培、一月下旬～二月上旬に定植し、初夏まで収穫する半促成栽培、五月上旬に定植し十月中旬まで収穫する露地栽培がある。

主要な作型である促成栽培は栽培期間が八カ月以上と長く、越冬して栽培するため温暖な西南暖地で多く栽培されている。

養水分管理

ナスは果菜類のなかでもっとも耐肥性があり、過剰な施肥が行なわれやすい。福岡県ではこれを改善するため、

表4―7　養液土耕による促成ナスの収量・品質（福岡農総試，満田ら）

試験区	窒素施肥量（g/10a/日）			窒素施肥量 (kg/10a)	収量 (t/10a)	上・中物率 (%)
	10～2月	3～4月	5～6月			
養液土耕	98	146	195	35	17.3	91
慣行施肥	―	―	―	70	16.8	92

表4―8　ナスの養水分管理の目安（10a当たり）

作型	時期	かん水量 (l/日)	窒素施肥量 (g/日)	窒素施肥量 (kg/月)	備考
促成	11月	600～1,000	100～150	1.5～2.3	定植：11月中旬，収穫終了：5月下旬の場合 土壌溶液診断基準値（硝酸イオン濃度） 生土容積抽出法：100～200ppm
	12月	600～1,000	100～150	3.0～4.5	
	1月	600～1,000	100～150	3.0～4.5	
	2月	600～1,000	100～150	3.0～4.5	
	3月	800～1,200	150～200	4.5～6.0	
	4月	800～1,200	150～200	4.5～6.0	
	5月	1,200～1,600	150～200	4.5～6.0	
半促成（加温）	1月	400～800	100～150	1.5～2.3	定植：1月中旬，収穫終了：7月中旬の場合 栄養診断基準値（硝酸イオン濃度） 4月上～5月下旬：4,000～5,000ppm 6月上旬以降：3,000～4,000ppm 土壌溶液診断基準値は促成栽培に準じる
	2月	600～1,000	100～150	3.0～4.5	
	3月	600～1,000	150～200	3.0～4.5	
	4月	800～1,200	150～200	4.5～6.0	
	5月	1,200～1,600	150～200	4.5～6.0	
	6月	1,400～1,800	150～200	4.5～6.0	
	7月	1,600～2,000	150～200	4.5～6.0	
半促成（無加温）	3月	600～1,000	150～200	4.5～6.0	定植：3月上旬，収穫終了：7月中旬の場合 栄養診断基準値は半促成栽培（加温）に準じる 土壌溶液診断基準値は促成栽培に準じる
	4月	800～1,200	150～200	4.5～6.0	
	5月	1,200～1,600	150～200	4.5～6.0	
	6月	1,400～1,800	150～200	4.5～6.0	
	7月	1,600～2,000	150～200	4.5～6.0	

促成栽培について検討している。慣行栽培の窒素施肥量は七〇kg／一〇a（基肥三四kg、追肥三六kg／一〇a）であるのに対し、養液土耕栽培では一日当たり窒素一〇〇～二〇〇g／一〇a、合計三五kg／一〇aである。五〇％減肥で慣行栽培より生育・収量が優る結果になっている（表4―7）。

促成栽培、半促成栽培の収穫初期は冬期間にあたるため収量水準は低いが、三月以降になると月当たり二～三t／一〇aの収量となる。このため、供給する窒素量も二月までは少なくするが、三月以降は一五〇～二〇〇g／一〇aと増加させていく。土壌水分はキュウリより低水分のpF二・〇～二・二を目標とし、徐々にかん水量を増やしていく必要がある。

作型別の養水分管理とリアルタ

表4—9　促成ピーマンの窒素の養水分管理の実際（10a当たり）（鹿児島農試，長友ら）

慣行栽培	養液土耕栽培
基肥：40kg，追肥：20kg（収穫開始以降，6回に分けて施肥） 全施肥量：60kg 収量：12.5 〜 13.0t	10 月 7 日〜 10 月 31 日：215ppm，930l/ 日 11 月 1 日〜 2 月 28 日：144ppm，1,390l/ 日 3 月 1 日〜 5 月 20 日：108ppm，1,850l/ 日 全施肥量：42kg 収量：12.5 〜 13.0t

注　品種：京ゆたか，牛ふん堆肥2t/10a施用

イム診断基準値の目安を、表4―8に示した。

④ピーマン

作型

九月下旬〜十月中旬に定植し、十一月〜翌年の六月下旬まで収穫する促成栽培、一月中旬〜二月上旬に定植し、七月まで収穫する半促成栽培、五月上旬に定植し、十月下旬まで収穫する露地栽培が主な作型である。

栽培期間中の最低夜温は一五〜二〇℃以上とされているため、促成、半促成栽培の適地は西南暖地である。

養水分管理

鹿児島県では十月上旬定植、十一月上旬〜翌年の五月下旬に収穫する、促成栽培について検討している。慣行栽培の窒素施肥量は六〇kg／一〇a（基肥四〇kg、追肥二〇kg／一〇a）であるのに対し、養液土耕栽培では一日当たり窒素二〇〇g／一〇aを七カ月にわたって施し、かん水量は二月下旬までは約一五〇〇l／一〇a、三月以降は約二〇〇〇l／一〇a行なった。三〇％減肥の四二kg／一〇aの窒素量で、慣行栽培と同等からやや優る収量を得ている（表4―9）。

促成栽培の月当たり収量は一二〜三月は同じで、四月以降に増加する。しかし、鹿児島県、高知県の結果から、一日当たりの窒素量は全栽培期間を通して二〇〇g／一〇aで十分である。かん水量は一月まで一〇〇〇l、三月まで一五〇〇〜二〇〇〇l、三月以降は二〇〇〇〜三〇〇〇l／一〇aとして徐々に増加させ、土壌pFを一・八〜二・〇を維持できるようにする。留意点としてハウス内湿度を高く維持するため、必要に応じてうね間かん水もとり入れるようにする。

半促成栽培も促成栽培に準じると考

表4—10　ピーマンの養水分管理の目安（10a当たり）

作型	時期	かん水量（l/日）	窒素施肥量（g/日）	窒素施肥量（kg/月）	備考
促成	10月 11月 12月 1月 2月 3月 4月 5月 6月	1,000～1,500 1,000～1,500 1,000～1,500 1,000～1,500 1,000～1,500 1,500～2,000 1,500～2,000 1,500～2,000 1,500～2,000	180～220 180～220 180～220 180～220 180～220 180～220 180～220 180～220 180～220	5.4～6.6 5.4～6.6 5.4～6.6 5.4～6.6 5.4～6.6 5.4～6.6 5.4～6.6 5.4～6.6 5.4～6.6	定植：10月上旬，収穫終了：6月下旬の場合 栄養診断基準値（硝酸イオン濃度） 収穫全期間：5,500～7,000ppm 土壌溶液診断基準値（硝酸イオン濃度） 生土容積抽出法：100～200ppm
半促成（加温）	2月 3月 4月 5月 6月 7月	1,000～1,500 1,000～1,500 1,500～2,000 1,500～2,000 1,500～2,000 1,500～2,000	180～220 180～220 180～220 180～220 180～220 180～220	5.4～6.6 5.4～6.6 5.4～6.6 5.4～6.6 5.4～6.6 5.4～6.6	定植：2月上旬，収穫終了：7月中旬の場合 土壌溶液診断基準値は促成栽培に準じる

えられ、作型別の養水分管理とリアルタイム診断基準値の目安を表4―10に示した。（表4―10）

⑤イチゴ

作型

イチゴは、九月中旬に定植し十一月下旬に収穫が始まる促成栽培、十月下旬に定植し、十二月中旬～一月中旬に保温を開始し、三月上旬から収穫が始まる半促成栽培があるが、現在は促成栽培が主要な作型である。

養水分管理

鹿児島県では促成栽培で検討した。一日につき窒素一〇〇g／一〇a（二〇〇ppm、一〇〇〇l）を施用する一五〇〇倍区、一五〇g／一〇a（一五〇ppm、一〇〇〇l）を施用する一〇〇〇倍区を設けて試験を行なった。液肥は、いずれも九～十一月、三～四月は毎日、十二～二月は週に四日施用した。両区ともに慣行栽培よりやや多収となっている。栽培期間中の土壌の無機態窒素含量、ECは一〇〇〇倍区で高くなったが、一五〇〇倍区では慣行栽培と同等の値であり、イチゴの養液土耕栽培では、慣行栽培より二〇%施肥窒素量が少ない一五〇〇倍区の養水分管理で十分でよいと考えられる（表4―11）。

促成イチゴの養分吸収パターンは、定植してから頂花房の収穫が始まる十一月下旬～十二月上旬までは吸収量が多いが、その後の二月下旬まではやや低い水準で推移し、三月以降、気温の上昇や日射量の増加とともに吸収量も多くなってくる。このため、養液土耕

表4－11　促成イチゴの窒素の養水分管理の実際（10a当たり）（鹿児島農試，鮫島ら）

慣行栽培	養液土耕
基肥：14kg，追肥：8kg（収穫開始以降，4回に分けて施用） 全施肥量：22kg 収量：4.36t	1,000倍区 9月15日～11月30日：150ppm，1,000l/日 12月1日～2月28日：150ppm，1,000l/日 （この間は週に4日施用） 3月1日以降：150ppm，1,000l/日 全施肥量：23kg 収量：4.80t 1,500倍区 9月15日～11月31日：100ppm，1,000l/日 12月1日～2月28日：100ppm，1,000l/日 （この間は週に4日施用） 3月1日以降：100ppm，1,000l/日 全施肥量：18kg 収量：4.84t

注　品種：とよのか

表4－12　イチゴの養水分管理の目安（10a当たり）

作型	時期	かん水量（l/日）	窒素施肥量（g/日）	窒素施肥量（kg/月）	備考
促成	9月	1,000～1,400	80～100	1.2～1.5	定植：9月中旬，収穫終了：4月下旬の場合
	10月	800～1,200	80～100	2.4～3.0	栄養診断基準値（硝酸イオン濃度）
	11月	600～1,000	80～100	2.4～3.0	11月上旬：2,500～3,500ppm
	12月	400～800	60～80	1.8～2.4	1月上旬：1,500～2,500ppm
	1月	400～800	60～80	1.8～2.4	2月上旬以降：1,000～2,000ppm
	2月	400～800	60～80	1.8～2.4	土壌溶液診断基準値（硝酸イオン濃度）
	3月	600～1,000	80～100	2.4～3.0	生土容積抽出法：80～100ppm
	4月	600～1,000	80～100	2.4～3.0	

での養水分供給もこれに準じ、定植してから十二月中旬までの一日当たりの窒素量は九〇～一〇〇g、その後の三月までは六〇～七〇g、三月以降収穫終了までは九〇～一〇〇g／一〇a程度にもどすのがよい。そして、窒素施肥量はイチゴの吸収量と同等かやや少ない水準でよいと判断される。

イチゴは定植してから一カ月間は多水分を好むのでpF一・六～一・九を維持できるように多量のかん水を行ない、その後は収穫収量までpF二・〇～二・三の範囲を維持すればよいと考えられる。特に、注意点として、冬期間はイチゴの水分要求量が少ないこと、さらに多湿による地温の低下を防ぐため、かん水量を抑える必要がある。

促成栽培の養水分管理とリアル

表4－13　促成ミニトマトの窒素の養水分管理の実際（10a当たり）（埼玉農総セ，武田）

慣行栽培	養液土耕栽培
基肥：20kg，追肥：30kg （収穫開始以降，6回に分施） 全施肥量：50kg 収量：11.9t	30％減肥区 10～11月：160ppm，640l　3月：160ppm，960l 12～1月：160ppm，320l　4月：160ppm，1,280l 2月：160ppm，640l　5～6月：200ppm，1,280l 全施肥量：35kg 収量：12.7t 50％減肥区 10～11月：106ppm，640l　3月：106ppm，960l 12～1月：106ppm，320l　4月：106ppm，1,280l 2月：106ppm，640l　5～6月：120ppm，1,280l 全施肥量：25kg 収量：12.0t

タイム診断基準値の目安を表4―12に示した。

⑥ミニトマト

作型

ミニトマトは十月に定植し、十二月～翌年の六月下旬まで収穫する促成栽培、二～三月に定植し、五月中旬～八月まで収穫する半促成栽培、七月下旬に定植し、九月中旬～十二月上旬まで収穫する抑制栽培の作型がある。

養水分管理

九月下旬定植の促成栽培について検討した。慣行栽培の窒素施肥量は五〇kg／一〇a（基肥二〇kg、追肥三〇kg／一〇a）である。養液土耕区は、慣行栽培の三〇％減肥の三五kg区、五〇％減肥の二五kg区を設けた。窒素施肥量は、定植後の初期生育を確保するため十二月までは、一日当たり七〇～一〇〇g／一〇aとやや多くし、翌年の二月までは三〇～五〇g／一〇a、その後窒素量を増加させて、果実収量が最大となる五月以降に一七〇～二六〇g／一〇a施用した。かん水量は、定植～二月下旬までは三〇〇～六〇〇l／一〇a、三月以降は一〇〇〇～一三〇〇l／一〇aとした（表4―13）。

果実収量は、養液土耕三〇％減肥区が一二・七t／一〇aの高収量で慣行栽培よりやや優り、五〇％減肥区では慣行栽培と同収量となり、五〇％減肥した条件においても十分な収量が得られることを示している。

葉柄汁液中の硝酸イオン濃度をみると、養液土耕三〇％減肥区は三月以降一〇〇〇〇ppm前後、五〇％減肥区は五〇〇〇～六〇〇〇ppm、慣行栽培は四〇〇〇～一〇〇〇〇ppmとなり、養液土耕三〇％減肥区は汁液の硝酸イオン濃度が高く経過するため窒素過剰の傾向にある。このため、養水分管理は五〇％

表4—14　ミニトマトの養水分管理の目安（10a当たり）

作型	時期	かん水量（l/日）	窒素施肥量（g/日）	窒素施肥量（kg/月）	備考
促成	10月	500～800	70～100	2.1～3.0	定植：10月上旬，収穫終了：6月下旬の場合
	11月	500～800	70～100	2.1～3.0	土壌溶液診断基準値（硝酸イオン濃度）
	12月	300～500	35～50	1.1～1.5	生土容積抽出法：100～200ppm
	1月	300～500	35～50	1.1～1.5	
	2月	500～800	70～100	2.1～3.0	
	3月	800～1,200	100～150	3.0～4.5	
	4月	1,000～1,600	140～200	4.2～6.0	
	5月	1,000～1,600	180～250	5.4～7.5	
	6月	1,000～1,600	180～250	5.4～7.5	

減肥区の水準でよく、葉柄汁液中の硝酸イオン農度を五〇〇ppm前後に維持すれば適正な施肥管理ができると判断される（埼玉農総セ、武田）。

促成栽培の養水分管理とリアルタイム診断基準値の目安を表4—14に示した。

⑦セルリー

作型

施設でのセルリーの作型は、三月下旬～四月上旬に定植する春作、八月下旬～九月上旬に定植する夏秋作、九月下旬～十月上旬に定植する秋冬作があり、定植から収穫に要する日数は八〇～九〇日である。セルリーは夏の暑さに弱いので、夏は平坦地での栽培は不適で、高冷地に限られる。

養水分管理

セルリーの窒素吸収量は二〇～二三kg／一〇a前後であるが、実際には吸収量の三倍もしくはそれ以上の窒素が施肥される。水分不足になると草丈、葉柄が短くなり、品質低下が著しくなるため、多量のかん水をする特異的な栽培方法がとられている。

セルリーの主要な産地である静岡県では、九月下旬定植の秋まき栽培について検討した。慣行栽培の窒素施肥量は八〇kg／一〇a（基肥四二kg、追肥三八kg／一〇a）に対し、養液土耕栽培では初期の窒素量は一日当たり二六〇g／一〇a、かん水量は一六〇〇l／一〇aとし、その後生育に合わせて増加させていき、収穫前は窒素量五七〇g／一〇a、かん水量三〇〇〇l／一〇aにした。そして、慣行の約五〇%の施肥量で大幅な増収となっている（表4—15）。

吸引法による土壌溶液中の硝酸イオン濃度は、養液土耕栽培が四〇〇～七〇〇ppmと一定の範囲内で経過する。し

表4―15　セルリーの窒素の養水分管理の実際（10a当たり）（静岡農試：鈴木）

慣行栽培	養液土耕栽培
基肥：42kg，追肥：38kg（2回に分けて施肥） 全施肥量：80kg 収量（調整重）：6.3t	定植～20日：160ppm，1,600～1,700l/日 21～40日：180ppm，2,000～2,100l/日 41～60日：168ppm，2,400～2,500l/日 61～80日：180ppm，2,900～3,000l/日 81～97日：200ppm，2,900～3,000l/日 全施肥量：42kg 収量（調整重）：7.5t

表4―16　セルリーの養水分管理の目安（10a当たり）（静岡農試，鈴木）

作型	時期	かん水量（l/日）	窒素施肥量（g/日）	窒素施肥量（kg/月）	備考
秋冬作	初期 中期 後期	1,500～2,000 2,000～3,000 2,500～3,500	250～300 350～450 500～600	7.5～9.0 10.5～13.5 15.0～18.0	定植：9月下旬～10月上旬， 収穫：12月下旬～1月上旬 土壌溶液診断基準値（硝酸イオン濃度） 吸引法：400～600ppm

かし、慣行栽培では定植直後は一〇〇〇ppm近くになるが、生育中期以降になると四〇〇ppm以下となり変動幅が大きくなる。三年間の結果を踏まえると、土壌溶液中の硝酸イオン濃度は四〇〇～六〇〇ppmを維持すればよいと判断される。

静岡県の結果から、秋冬作の養水分管理とリアルタイム診断基準値の目安は表4―16に示した。

(2) 花き

①輪ギク

作型

施設での輪ギクは四月下旬～五月上旬定植、一三週経過後に採花する夏秋ギク栽培、八月下旬～九月中旬に定植し、一五週経過後に採花する秋ギク栽培が主要な作型である。

養水分管理

宮城県では夏秋ギク、秋ギクについて検討し、慣行施肥の二五％減肥の二五kg／一〇aで、切り花長、切り花重ともに慣行施肥より優る結果を示している。

秋ギクの養分吸収量みると、窒素が生育の初期と開花期近くに少なく、生育中期～出蕾期にかけて直線的に増加し、カリは窒素の二倍以上の吸収量を

表4－17　輪ギクの養水分管理の目安（10a当たり）（宮城農・園研，吉村・上山）

作型	時期	かん水量（l/日）	施肥量（g/日）	備考
夏秋ギク	1週（活着）	3,000～6,000	0	挿し芽：4月中旬，定植：5月上旬，採花期間：7月下旬～8月中旬，栽植本数：55,600株/10a
	2～3週（生育初期）	3,000～6,000	222	1回当たりかん水量：1,500l（高温時は3～4回，低温時は1～2回）
	4～7週（生育中期）	3,000～6,000	389	土壌溶液診断基準値（硝酸イオン濃度）
	8～9週（～出蕾）	1,500～4,500	389	生土容積抽出法：100ppm
	10～12週（摘蕾）	1,500～4,500	222	
	13週～(開花)	1,500～4,500	0	
秋ギク	1週（活着）	3,000～6,000	0	挿し芽：8月中旬，定植：9月上旬，採花期間：12月中旬～，栽植本数：55,600株/10a
	2～3週（生育初期）	3,000～6,000	167	1回当たりかん水量：1,500l（高温時は3～4回，低温時は1～2回）
	4～8週（生育中期）	3,000～6,000	334	土壌溶液診断基準値（硝酸イオン濃度）
	9～12週（～出蕾）	1,500～4,500	334	生土容積抽出法：100ppm
	13～14週（摘蕾）	1,500～4,500	167	
	15週～(開花)	1,500～4,500	0	

示し、カリの要求量の多さがわかる。養液土耕栽培の養水分管理もこれに準じたものになる。

夏秋ギクでは、定植後一週間は無施肥とし、生育初期から中期にかけて窒素量を増加させて、最大で一日当たり約四〇〇g／一〇aとし、摘蕾期にかけて少なくする山型のパターンとして、開花期以降は日持ち性を向上させるため、無施肥としている。秋ギクは、一日当たりの施肥窒素量はやや少なくなるが、夏秋ギクと同様に山型の施肥パターンとする。かん水量は、夏秋ギク、秋ギクともに高温時と多日照時は四五〇〇～六〇〇〇l／一〇a、低温時と寡日照時は一五〇〇～三〇〇〇l／一〇aとする。

リアルタイム診断の硝酸イオンの基準値は、生土容積抽出法による土壌溶液では一〇〇ppmを上限とし、葉身による栄養診断では四〇〇〇～六〇〇〇ppmを目安にすることにより、過剰な施肥を防げることを明らかにしている。

本試験の結果を踏まえ、夏秋ギク、秋ギクの養水分管理とリアルタイム診断基準値の目安を表4―17に示した。

表4—18　施肥量のちがいによるアルストロメリアの切り花本数・品質

（道立花・野菜技術セ，藤倉）

試験区	窒素施肥量(kg/10a)		規格内本数(本/株)	切り花長(cm)	切り花重(g/本)	初年目・養分吸収量(kg/10a)		
	初年目	2年目				窒素	リン酸	カリ
標肥	40	50	184	119	54.4	42.6	19.0	119.1
減肥	20	25	156	110	47.1	32.4	15.1	94.1
増肥	60	75	182	118	56.5	45.8	19.2	123.3

注　規格内本数は2年間合計，切り花長，切り花重は2年間の平均

②アルストロメリア

作型

アルストロメリアは、以前は実生系の品種で秋定植が行なわれていたが、現在は栄養系の品種を用いた六月定植が中心で、九月～翌年の七月まで採花する作型である。採花終了後に切りもどしを行ない、三～五年間栽培を継続する。また、冷涼な気候を好むため、北海道や高冷地が適地である。

養水分管理

北海道では、六月定植の春植えについて検討した。同施肥水準で比較すると、養液土耕栽培は本数、切り花長、切り花重ともに優る結果を示し、高品質生産、省力化を目的にしたアルストロメリアの養水分管理に十分に適用できることがわかる。

養液土耕栽培の施肥量についてみると、初年目に窒素四〇kg／一〇a、二年目に五〇kg／一〇a施肥した標準施肥区は、一・五倍量の増肥区と本数、切り花品質ともに同等であった。また、標準施肥区の半量の減肥区では、本数、切り花品質ともに劣ったので、養水分管理は標準施肥区の水準でよいと判断される（表4—18）。

土壌溶液中の硝酸イオン濃度は、標準施肥区の変動範囲である一〇〇～四〇〇ppmとし、土壌pFを一・九～二・一を維持することを目標にかん水を実施する。

養水分管理の目安は表4—19に示した。

③カーネーション

作型

カーネーションは六月下旬～七月上旬に定植し、十月下旬～翌年五月の母の日まで採花する冬切りの作型と、三月に定植し、七～十一月まで採花する

表4－19　アルストロメリアの養水分管理の目安（10a当たり）

（道立花・野菜技術セ，藤倉）

時期	初年目		2年目		備考
	かん水量（l/日）	窒素施肥量（kg/月）	かん水量（l/日）	窒素施肥量（kg/月）	
5月	1,000	2.5	2,333	3.0	定植：6月上旬
6月	1,000	2.5	1,667	3.0	採花期間：9月～7月
7月	833	2.5	833	3.0	栽植本数：3,333株
8月	1,667	3.5	833	3.0	土壌溶液診断基準値
9月	833	3.5	833	5.5	吸引法：100～400ppm
10月	1,000	2.5	1,667	5.5	土壌pFは1.9～2.1を目
11月	1,000	2.5	1,333	3.0	標に管理
12月	1,333	4.5	833	3.0	
1月	1,667	4.5	833	5.5	
2月	1,333	4.5	1,000	5.5	
3月	833	4.5	1,667	5.5	
4月	2,333	2.5	833	5.5	

表4－20　カーネーションの養水分管理の目安（10a当たり）（佐賀農研セ・福田）

作型	時期	かん水量（l/日）	窒素施肥量（g/日）	窒素施肥量（kg/月）	備考
冬切り栽培	6月	3,000	0	0	定植：6月下旬，収穫期間：10月下旬～5月上旬
	7月	1,500（週1回）	80（週1回）	0.4	栽植本数：19,200株/10a
	8月	1,800	108	3.3	土壌条件：重粘質土壌
	9月	2,000	120	3.6	
	10月	2,000	132	4.1	
	11月	1,500	132	4.0	
	12月	1,500	138	4.3	
	1月	1,500	138	4.3	
	2月	2,000	135	3.8	
	3月	2,200	126	3.9	
	4月	2,200	120	3.6	
	5月	2,200	60	0.9	

夏切りの作型がある。

養水分管理

佐賀県では冬切りの作型について検討して、重粘質土壌における冬切りの作型の養水分管理技術を明らかにしている。

慣行栽培（窒素施肥量：六〇kg／一〇a）の六〇%減肥、四〇%減肥の窒素施肥量で比較し、六〇%減肥では切り花本数、切り花重が低下するのに対し、四〇%減肥では同等の収量水準を確保することができ、養液土耕栽培の施肥水準は三七～四一kg／一〇aの範囲が適することを示している。定植～活着までは無施肥に、活着後からの栄養生長期間は窒素施肥量を徐々に増加させ、十二月～翌年の二月は最大量の一日当たり一四〇g／一〇a、一番花の採花終了（二～三月）以降減肥し、四月以降は六〇～一二〇g／一〇aとする。

かん水量は、定植後から活着までは三〇〇〇l／一〇aとし、七月は一五〇〇l／一〇aを週一回、八月以降は一五〇〇～二二〇〇l／一〇aの範囲で行なう。冬期間は少なくして、土壌pF一・八～二・〇を維持できるようにする（前ページ表4―20）。

④バラ

栽培の特徴

バラは春に定植を行ない、定植後の五～六カ月間は株養成をして十分な生育量を確保し、その後の数年間にわたって採花する。長期間栽培するため定植前の土づくりは重要であり、根域を発達させるため、三〇～四〇cmまでの土層改良が必要である。

有機物施用にあたっては肥料濃度の高い畜ふん堆肥の施用は避け、ピートモス、バーク堆肥などを用いて、主に土壌物理性の改良を主体とする。また、バラは多水分状態を好むため、土壌pF一・八～二・〇を目標に水分管理を行なっていく必要がある。

養水分管理

岡山県では慣行の土耕栽培と養液土耕栽培の栽植密度を検討したところ、養液土耕栽培はすべての試験区で切り花本数の増加や切り花品質が向上した。特に、一条植えで株間二〇cmが養液土耕栽培に適する。仕立て法としては、シュートを九〇cmの高さで折り曲げ、折り曲げ部と収穫枝基部から発生した開花枝を採花する栽培管理法である。

養水分管理は、常時薄い液肥をかん水施肥する方法で行なう。なお明らかにした養水分管理の目安を表4―21に示した。

また、土壌養分状態を適正濃度に管理するにはリアルタイム診断が必要であり、深さ二〇cmから吸引法によって採水した土壌溶液中の硝酸イオン濃度を、四〇〇～八〇〇ppmの範囲に維持していくようにする。

(3) 茶樹

茶の窒素施肥量は、高品質生産をねらって一〇〇kg／一〇a近くも施用されることがあり、過剰な施肥は環境への負荷を高めており、効率的な施肥による施肥量の削減が強く求められている。施肥量を削減するため液肥によるかん注施肥、被覆肥料の利用などが行なわれており、そのなかの一つとして

表4－21　バラの養水分管理の目安（1株当たり）（岡山農総セ，土居）

開始日	倍率 （倍）	かん液 回数 （回/日）	 時刻 （時）	 1回量 （ml/回）	 1日量 （ml/回）	NO3-N 施肥量 （g/日）	備考
定植	0	1	8	手かん水			
4月15日	2,000	2	7～8	80	160	6.2	徐々に回数増
5月1日	2,000	4	7～10	80	320	12.5	
6月1日	2,000	6	7～12	80	480	18.7	
7月1日	2,000	8	7～14	80	640	25.0	乾く場合は回数増
10月1日	2,000	7	8～14	80	560	21.8	10月中旬採水量注意
11月1日	1,500	6	8～13	80	480	25.0	
3月1日	1,500	7	8～14	80	560	29.1	
3月中旬	2,000	8	7～14	80	640	25.0	採水量を目安に変更
5月10日	2,000	9	6～14	80	720	28.1	乾く場合は1回量を増
10月1日	2,000	7	8～14	80	560	21.8	10月中旬採水量注意
11月1日	1,500	6	8～13	80	480	25.0	

注　1）2,000倍液はEC0.5，NO_3-N濃度39ppm，1,500倍液はEC0.8，NO_3-N濃度52ppm
2）栽培方法：床幅100cm，通路50cmで株間20cmの1条植え。最低16℃，品種：ローテローゼ
3）かん液チューブ：ネタフィム社製RAMチューブ（ノズル間隔20cm，吐出量38ml/分）

養液土耕栽培（樹冠下点滴施肥）も有効な方法であり、愛知県、福岡県で検討がされている。

愛知県では抹茶の原料となるてん茶園で、電源がなくても作動できる養液土耕装置を用い、樹冠下に点滴ドリップを二条設置し、二月中旬～十一月中旬まで一日当たり窒素六〇g／一〇a、かん水量二〇〇〇l／一〇aの点滴二五kg区、窒素一二〇g／一〇a、かん水量四〇〇〇lの点滴五〇kg区（ただし、三月中旬から二カ月間は三倍の一八〇g、三六〇gを施用）を設置し、慣行栽培と比較した。慣行栽培の三五%、七〇%の窒素施肥量でも生葉収量、官能検査ともに対照の慣行栽培区にくらべ優る結果を示しており、養液土耕栽培は高品質生産かつ施肥量の節減につながる効率的な施肥法であることを示している。

福岡県では煎茶園で、養液土耕栽培を行なった。養水分管理は二月上旬～十月上旬まで窒素一・六～三・六kg／一〇aを一〇日に一回施用し、かん水量四〇〇〇l／一〇aで、合計の窒素施肥量は五〇kg／一〇aである。同水準の施肥量の慣行区と比較すると、養液土耕は生葉収量、官能検査ともに慣行区を上回っており、愛知県とほぼ同様な結果を示している（表4—22）。

表4－22　茶樹の窒素の養水分管理の実際（10a当たり）

慣行施肥	養液土耕栽培
＜てん茶園＞	（愛知農総試，辻・木下）
全施肥量：69kg（2～3月，4月，8～9月に3回に分けて施肥） 生葉収量：750kg	点滴25kg区 2月中旬～11月中旬：32ppm，2,000l/日 （3月中旬～5月中旬：95ppm，2,000l/日） 生葉収量：1,060kg 点滴50kg区 2月中旬～11月中旬：32ppm，4,000l/日 （3月中旬～5月中旬：95ppm，4,000l/日） 生葉収量：1,200kg
＜玉露園＞	（福岡総農試，堺田）
全施肥量：74kg（2～9月に7回に分けて施肥） 生葉収量：490kg	2月中旬～6月上旬（10日間隔）：1,000～1,500ppm，2,000l/日 7月下旬～10月下旬（10日間隔）：1,000ppm，2,000l/日 全施肥量：53kg 生葉収量：550kg
＜煎茶園＞	（福岡総農試，堺田）
全施肥量：53kg（2～4月，8～9月に5回に分けて施肥） 生葉収量：940kg	2月上旬～4月下旬（10日間隔）：400～600ppm，4,000l/日 5月中旬～5月下旬（10日間隔）：900ppm，4,000l/日 6月上旬～10月上旬（10日間隔）：450～600ppm，4,000l/日 全施肥量：50kg 生葉収量：1,200kg

表4－23　茶樹の養水分管理の目安（10a当たり）

作型	時期	かん水量（l/10日）	窒素施肥量（kg/10日）	窒素施肥量（kg/月）	備考
煎茶	2月	3,000～5,000	1.5～2.0	4.5～6.0	11月～1月までは無施肥
	3月	3,000～5,000	1.5～2.0	4.5～6.0	
	4月	3,000～5,000	2.0～2.5	6.0～7.5	
	5月	3,000～5,000	3.0～4.0	9.0～12.0	
	6月	3,000～5,000	2.0～2.5	6.0～7.5	
	7月	3,000～5,000	2.0～2.5	6.0～7.5	
	8月	3,000～5,000	2.0～2.5	6.0～7.5	
	9月	3,000～5,000	2.0～2.5	6.0～7.5	
	10月	3,000～5,000	2.0～2.5	5.4～7.5	

愛知県、福岡県の結果から、養液土耕栽培の施肥量は五〇kg／一〇a以下で十分であり、従来の施肥法にくらべ三〇～四〇％の窒素の削減は可能で、養液土耕栽培は環境保全に結びつく効率的な施肥管理技術と期待される。

両県の結果を踏まえ、養水分管理の目安を表4－23に示した。

(4) 果樹――温州ミカン

温州ミカンは収穫前の気象条件によって品質が左右され、特に降水量が多く、低日照のときに果実糖度が低下しやすくなる。近畿中国四国農研センターでは、傾斜地の園を対象に点滴かん水チューブを樹冠下に配置し、その上を透湿性マルチで周年被覆してかん水施肥を行なうマルドリ法を開発し、慣行栽培よりも糖度が二～三度高い果実を生産する栽培技術を明らかにしている。

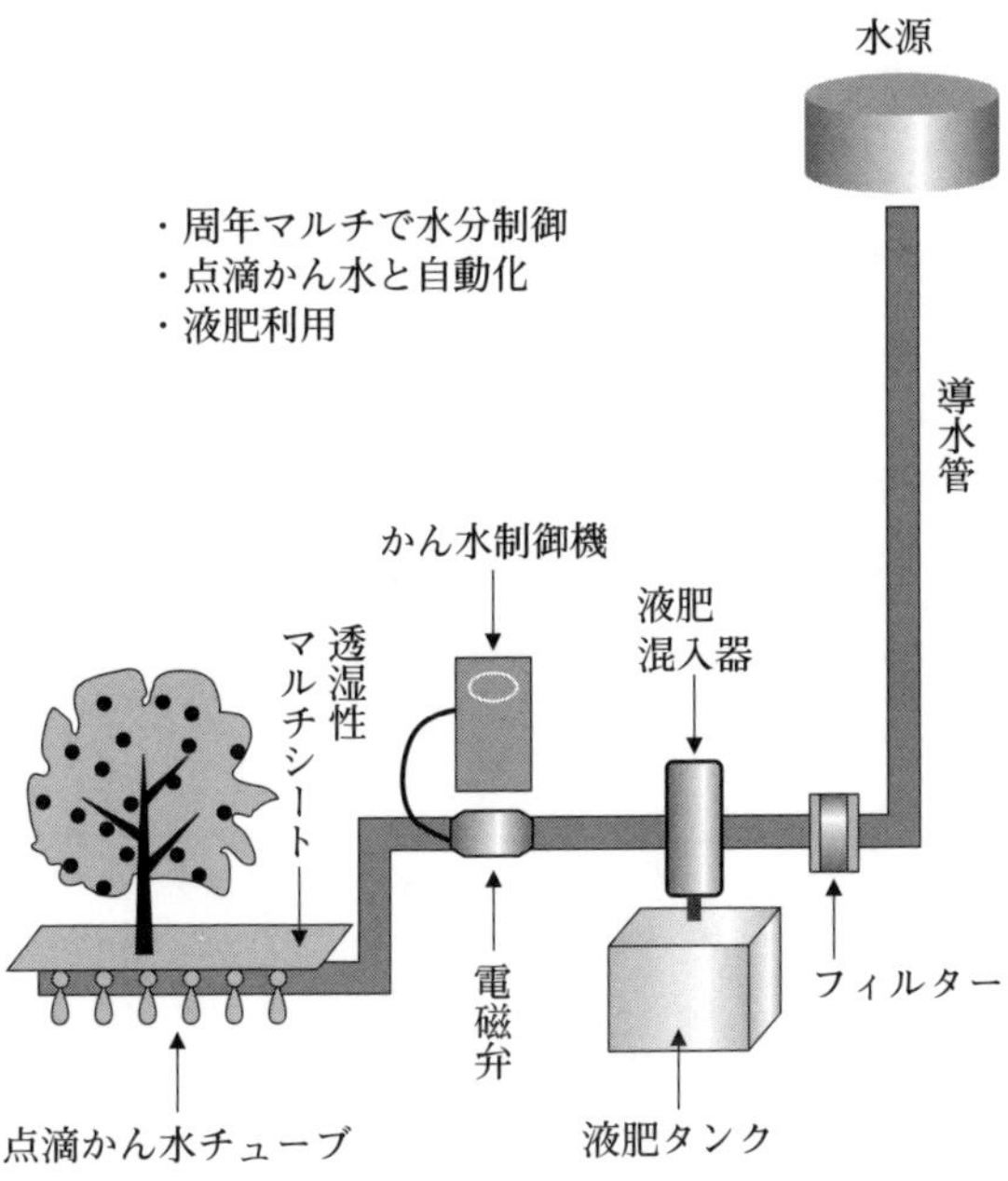

図4―8　マルドリ法の概略図
（近畿中国四国農研セ，草場）

マルドリ法による生産方式の概要は図4―8に示したとおりで、高所にある水源より園地に導水する。その水をフィルターでろ過後、無電源でも作動できる液肥混入器を用いてかん水施肥を行なうもので、収穫前に樹に軽度の乾燥ストレスを与えることにより、高品質生産が可能となる。傾斜地では通常の点滴かん水チューブを用いると給水ムラのおそれがあるため、圧力補正機構付きの点滴チューブを用いて、この問題を解決している。

極早生では窒素濃度一五〇ppmの液肥で、四月中旬～七月中旬までかん水施肥を行ない、七月下旬～九月上旬まではかん水のみとし、収穫後の十月上旬～十一月下旬まで再度かん水施肥を行なう。養水分管理を表4―24に示す。

表4－24　マルドリ法の養水分管理（極早生）（近畿中国四国農研セ，草場）

月	1	2	3	4	5	6	7	8	9	10	11	12
かん水時期（旬）	上中下	中	上中下	上中			下	下	上			上中下
回数	3	2	9	6			2	2	2			6
量（ℓ）／樹／回	30	15	30	30			30	30	30			30
月間水量（ℓ）	90	30	270	180			60	60	60			180
かん水同時施肥時期（旬）				中下	上中下	上中下	上中			上中下	上中下	
回数				6	19	30	20			12	13	
量（ℓ）／樹／回				30	15	15	15			15	15	
月間水量（ℓ）				180	285	450	300			180	195	
窒素（g）				27	43	67.5	45			27	29	

注　栽植密度65本植/10aでの基準を示す。液肥窒素濃度150ppmで約240g/樹/年，水量2,600ℓ/樹/年，総窒素量15.5kg/10a/年。総水量約170t/10a/年
　夏期（アミかけ部分）のかん水は年次の天候による。樹体への極度の水ストレスを避けつつ，果実品質の推移を調査しながらかん水する

3　被覆肥料を用いた施肥法

(1) 被覆肥料とは

被覆肥料はポリオレフィン系などの樹脂で速効性の肥料をコーティングしたものである。溶出は、被膜を通して水蒸気が浸入し、粒の内部で飽和溶液ができ、この肥料溶液が外部にしみ出すものである。被膜の厚さをかえることにより溶出日数が異なる。

直線的に溶出が続くリニア型と一定期間経過してから溶出が始まるシグモイド型の二つのタイプがあり、以前はリニア型が主体であったが、最近ではシグモイド型を利用した鉢内施肥など新しい施肥法も開発されている。

被覆肥料はその溶出特性から全量基肥施用するのが原則であり、基肥施用は行なわず作物の生育に合わせて養水分を供給する養液土耕栽培とは、対極に位置する施肥法である。

(2) 全量基肥施用——リアルタイム診断で効果を検証する

被覆肥料は土壌中で徐々に肥料成分が溶出するため、作物の養分吸収量と被覆肥料からの養分溶出量が一致すれば、全量基肥で施用し追肥を省略できる合理的な施肥法となる。被覆肥料を用いた全量基肥の施肥法の有効性を実

証するため、露地ナス、半促成キュウリを対象にリアルタイム栄養診断で検討したので紹介する。

①露地ナス

化成肥料を用いて基肥—追肥体系の慣行施肥区（基肥窒素一五kg、追肥窒素二五kg／一〇a、追肥は収穫開始以降四回に分けて施肥）、慣行施肥区と同じ窒素量を化成肥料（窒素一五kg／一〇a）と被覆肥料Lタイプ（窒素二五kg／一〇a）を全量基肥として施用した区をつくった。五月上旬に定植を行ない、収穫期間は六月下旬〜十月下旬までである。

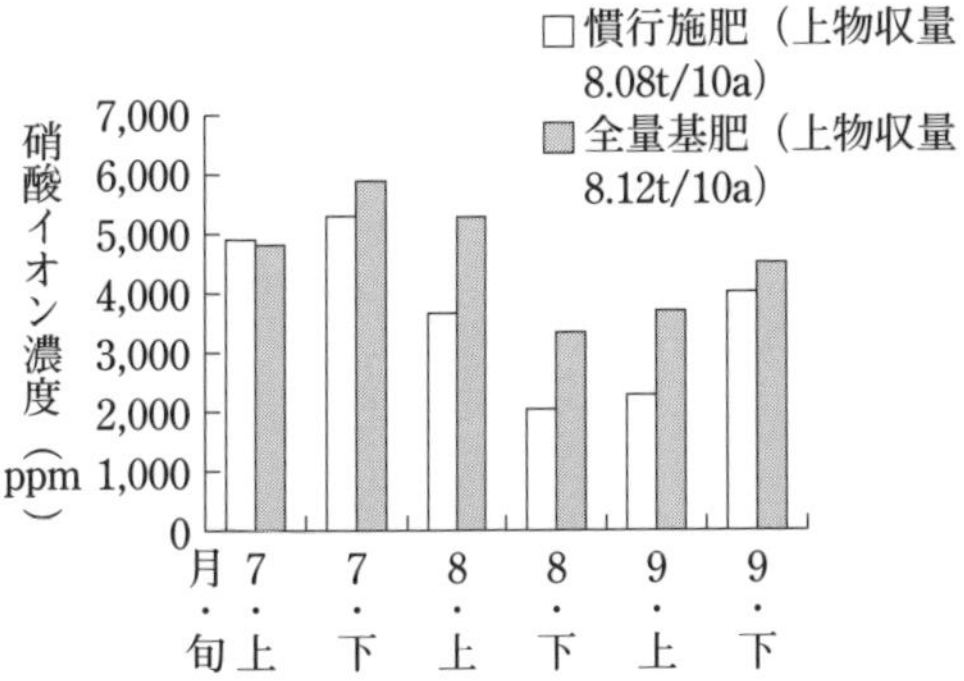

図4—9　露地ナスの葉柄汁液中の硝酸イオン濃度と収量

葉柄汁液中の硝酸イオン濃度は、慣行施肥区が八月上旬までは三五〇〇〜五〇〇〇ppm、それ以降は九月上旬まで二〇〇〇ppmとなり、収穫最盛期の八〜九月に診断基準値をやや下回るようになる。これに対し、全量基肥区は八月上旬まで四〇〇〇〜五五〇〇ppm、八月上旬以降は三〇〇〇〜三五〇〇ppmとなり、収穫全期間にわたって診断基準値内で経過し、慣行施肥区よりも良好な窒素の栄養状態を維持することができた。

果実収量は両試験区ともに、露地ナスとしては高収量の八t／一〇aとなった。慣行施肥区では収穫中期以降にやや窒素不足になったが、葉柄汁液中の硝酸イオン濃度の極端な減少はなく、果実収量には影響を与えなかったと判断される（図4—9）。

一定量の土壌と被覆肥料Lタイプをネットで包んで土壌中に埋め込み、五カ月半の窒素の溶出率をみると、二カ月後の七月中旬に四七%、四カ月後の九月中旬に八四%となり、七月中旬〜九月中旬の窒素溶出量は九〜一〇kg／一〇aである。七月中旬からの二カ月間はナスの収穫最盛期にあたり、この間の全量基肥区の果実収量は五t／一〇a前後、果実の窒素吸収量は約一〇kg／一〇aである。

この試験では、被覆肥料からの窒素溶出量と果実の窒素吸収量がほぼ一致し、このことがナスの窒素栄養を好適条件で長期間保持できた要因となったことがわかる。

②半促成キュウリ

基肥—追肥体系の慣行施肥区（基肥窒素二〇kg、追肥窒素二〇kg／一〇a、追肥は収穫開始以降四回に分けて施肥）、慣行施肥区と同じ窒素量の三〇%を化成肥料、七〇%を被覆肥料一〇〇日タイプと一四〇日タイプで施用した全量基肥区をつくり、二月下旬に定植を行ない、三月下旬～六月下旬まで収穫した。

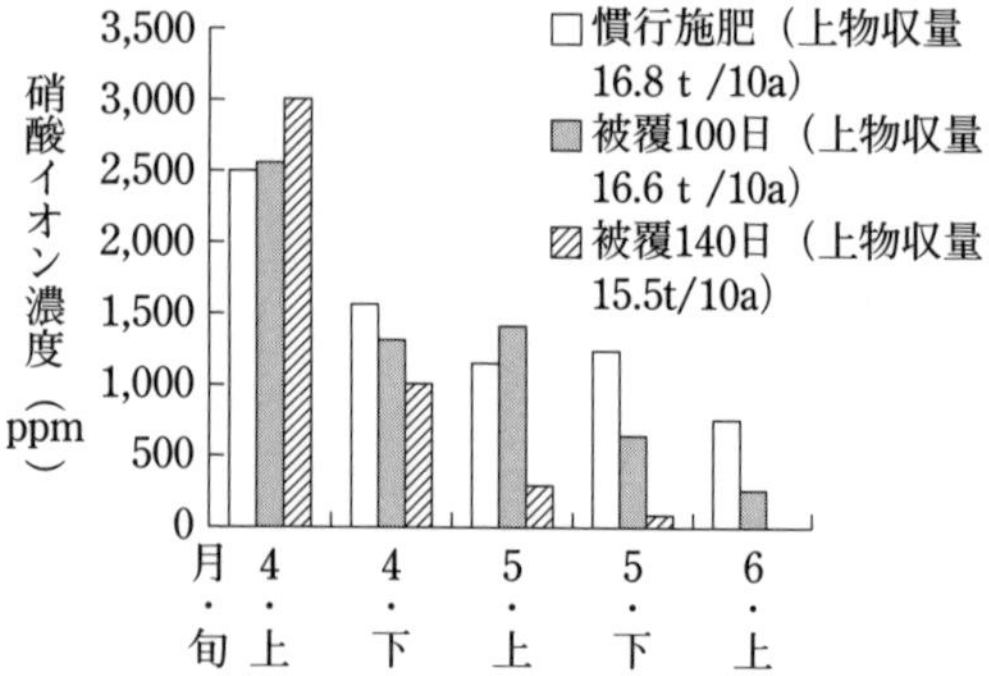

図4—10　半促成キュウリの葉柄汁液中の硝酸イオン濃度と収量

キュウリの葉柄汁液中の硝酸イオン濃度は、慣行施肥区が収穫開始初期の三月下旬～四月上旬に二五〇〇～三五〇〇ppm、五月上旬に一一〇〇～一二〇〇ppm、六月上旬に五〇〇～一〇〇〇ppmとなり、四月上旬はやや低かったものの、ほぼ診断基準値内で経過した。

一〇〇日タイプ区は五月下旬まで慣行施肥区と同様な窒素条件であったが、六月上旬以降になると診断基準値を下回り、収穫後期にやや窒素不足であった。しかし、その影響は少なく、慣行施肥区と同収量であった。

これに対し、一四〇日タイプ区は四月上旬までは慣行施肥区と同様な窒素の栄養条件であったが、五月上旬になると急激に硝酸イオン濃度が低下し、五月下旬以降では明らかに窒素栄養の不足におちいり、果実収量も減収となった（図4—10）。

一四〇日タイプ区の窒素の溶出率をみると、一カ月後の三月下旬に八%、二カ月後の四月下旬に二五%、五月下旬に四四%、栽培を終了する六月下旬に六五%となった。三月下旬～六月下旬の収穫期間中の月当たりの溶出率は一六～二一%で、窒素量としては四～六kg／一〇aになることがわかる。この期間の慣行施肥区の一カ月間の平均的なキュウリ果実の窒素吸収量は八kg／一〇a前後であり、一四〇日タイプ区は溶出する窒素量よりも吸収する窒素量が明らかに多い。このことが、一四〇日タイプ区の窒素不足による果実収量に影響したと判断できる。

それに対して一〇〇日タイプの四～五月の月当たりの溶出量は、七kg／一〇a前後でほぼ吸収量と合っていた。しかし、六月になると溶出量は五kg／

一〇a以下となり、やや窒素不足状態となったが、土壌からの窒素供給もあり溶出量の不足を回避できたと判断される。

このように、被覆肥料を用いた全量基肥施用による施肥法は、どのタイプの肥料を選択するかが栽培の成否を決めることになる。このため、事前に栽培期間中の地温の経過から被覆肥料の窒素溶出パターンを調べ、作物の養分吸収量と溶出パターンが一致した肥料を選ぶことが大前提である。また、これに合わせて定期的にリアルタイム診断を行ない、養分不足のときは即座に追肥を行なうことも、安定生産のためには重要である。

(3) 地温から適する肥料を選択する

被覆肥料は温度依存性で、地温が上昇すると溶出量が増加する。地温二五℃の条件で八〇%溶出する日数を基準にして肥料の銘柄が決められていることが多い。しかし、栽培期間中は地温が一定していないため、正確な窒素の溶出量を把握することができず、吸収量に対して溶出量が少なくなったり、また時には逆の場合もあり、被覆肥料の特性を十分に発揮できなくなる。

そこで、実際に栽培を行なった露地ナス、半促成キュウリではどのような肥料を選択すべきか月別の平均地温からみることにする。

地温を指標にした推定溶出量は、実際の栽培条件で求めた溶出量と近い値を得ることができる。地温の年次的な変動はあるものの、前もって栽培月に該当する平均地温を求め、適する肥料を選択することも一つの方法である。

なお、被覆肥料を開発したチッソ旭肥料株式会社は作土の地温の経過がわかれば、窒素の溶出量を予測できるソフトを作成しており、適する肥料を選択するための参考となる。

①露地ナス

露地ナスは七月中旬～九月中旬の二カ月間が収穫のピークであり、この間の被覆肥料からの窒素溶出率は四〇%、溶出する窒素量として一〇kg／一〇aは必要である。

栽培期間中の地温経過から、これに合致する被覆肥料をみると七〇日タイプ、一〇〇日タイプは五～七月に溶出量が多く、八月以降は大幅に少なくなるので不適である。これに対し、一四〇日タイプ、シグモイド型一〇〇日タイプは、七月中旬からの二カ月間で一〇kg／一〇a以上の窒素が溶出し、七月中旬～九月中旬の収穫ピーク時の吸収量と同じかそれ以上の溶出量とな

表4－25　地温からみた被覆肥料の推定溶出率（％）と溶出量（kg/10a）

露地ナス（被覆肥料窒素施肥量：28kg/10a）								
月	70日タイプ		100日タイプ		140日タイプ		S100日タイプ	
（平均地温）	溶出率	溶出量	溶出率	溶出量	溶出率	溶出量	溶出率	溶出量
5月（18.6）	29.5	8.3	15.3	4.3	12.5	3.5	1.7	0.5
6月（24.1）	35.4	9.9	27.4	7.7	16.1	4.5	14.9	4.2
7月（25.1）	18.9	5.3	26.2	7.3	22.7	6.4	43.7	12.2
8月（27.5）	9.4	2.6	14.7	4.1	18.9	5.3	22.9	6.4
9月（25.9）	3.8	1.1	7.2	2.0	10.4	2.9	8.8	2.5
合計	97.0	27.2	90.8	25.4	80.6	22.6	92.0	25.8
適否	×		△		○		△～○	
半促成キュウリ（被覆肥料窒素施肥量：28kg/10a）								
月	100日タイプ		140日タイプ		S70日タイプ		S100日タイプ	
（平均地温）	溶出率	溶出量	溶出率	溶出量	溶出率	溶出量	溶出率	溶出量
3月（18.8）	15.5	4.3	12.7	3.6	7.3	2.0	1.8	0.5
4月（20.6）	21.7	6.1	11.5	3.2	37.2	10.4	8.0	2.2
5月（23.1）	25.8	7.2	20.2	5.7	30.0	8.4	35.7	10.0
6月（26.6）	17.1	4.8	20.0	5.6	15.4	4.3	29.8	8.3
合計	80.1	22.4	64.4	18.1	89.9	25.1	75.3	21.0
適否	△～○		×		△～○		×	

注　1）露地ナス，半促成キュウリの全基肥施肥窒素量40kg/10a，被覆肥料窒素70％，速効性肥料30％として計算
2）Sはシグモイド型，それ以外はリニア型

り、露地ナスの全量基肥施用に利用できると判断される。

しかし、シグモイド型一〇〇日タイプは七月の溶出量が多くナスは窒素過剰になりやすく、九月中旬以降は溶出量が減少し、収穫後半に窒素不足になるおそれがある。露地ナスの全生育期間の窒素吸収量から判断すると、一四〇日タイプがもっとも適する肥料になる（表4―25）。

②半促成キュウリ

半促成キュウリは露地ナスにくらべ収穫期間中の窒素吸収量が多く、四～六月の三カ月間の収穫期間で一カ月当たり窒素量で七～八kg／一〇a、被覆肥料から二五～三〇％の溶出が必要である。

栽培期間中の地温から各タイプ別の被覆肥料の溶出率を求めると、これに該当する被覆肥料はなかったが、これ

に近い溶出パターンを示すものとして一〇〇日タイプとシグモイド型七〇日タイプがある。両被覆肥料は収穫後期の六月以降に溶出量が低下するものの、露地ナスの項の試験で一〇〇日タイプの収量性について確認されており、適する肥料として一〇〇日タイプとシグモイド型七〇日タイプになると判断される（表4―25）。

キュウリ、ナスなどの果菜類は、定植後からの養分吸収量が多く、生育初期は被覆肥料からの窒素溶出だけでは不足するので、定植後の初期生育を確保するため、スターターとして全施肥量の二〇～三〇％程度の化成肥料の施用は必要である。

（4）被覆肥料の機能を活用した施肥技術の開発

被覆肥料は追肥を行なわない省力的な施肥法として有効であるが、それと同時に肥料養分の初期の溶出が抑えられるため、野菜苗の直下に施肥しても濃度障害が起こらず、省力的でかつ施肥効率の高い栽培が可能である。

最近では被覆肥料の特性を生かした新しい栽培法が実用化されており、ここでは果菜類の鉢内全量施肥、露地畑での二作一回施肥、またナシ園では土中局所施肥の試みについて紹介する。

①果菜類の鉢内全量施肥

シグモイド型を利用

果菜類の施肥は、肥料をベッド内に均一に施用し、苗を定植するのが一般的な方法である。しかし、肥料が苗の定植位置から離れた部分にも存在するため施肥効率が低下すると考えられる。より効率的な施肥法を目指すには、被覆肥料を局所的に施肥する必要があり、この方法として苗の定植時に行なう植え穴全量施肥、さらに苗の鉢上げ時にポット内に施肥する育苗鉢内全量施肥がある。なお、通常の化成肥料を局所施用すると、施用節分だけ肥料濃度が高くなり、生育障害をうけるとともに、肥効の持続性も期待できない。

特に、育苗鉢内全量施肥は、育苗期間中に一定量以上の養分が溶出すると苗は窒素過剰となるため、被覆肥料からの養分溶出を極力低く抑えていくことが必要である。この施肥法を可能にしたのが、シグモイド型の被覆肥料の開発であり、従来のリニア型の被覆肥料にくらべ、施用初期の溶出量を大幅に抑えることができた。施肥量の削減と省力化を目的に、ピーマン、キュウリなどの果菜類を対象に、鉢内全量施肥の検討が行なわれている。

露地ピーマンの鉢内全量施肥

長野県ではピーマンの小苗の四号ポリポット（容量：五一〇ml）の鉢上げ

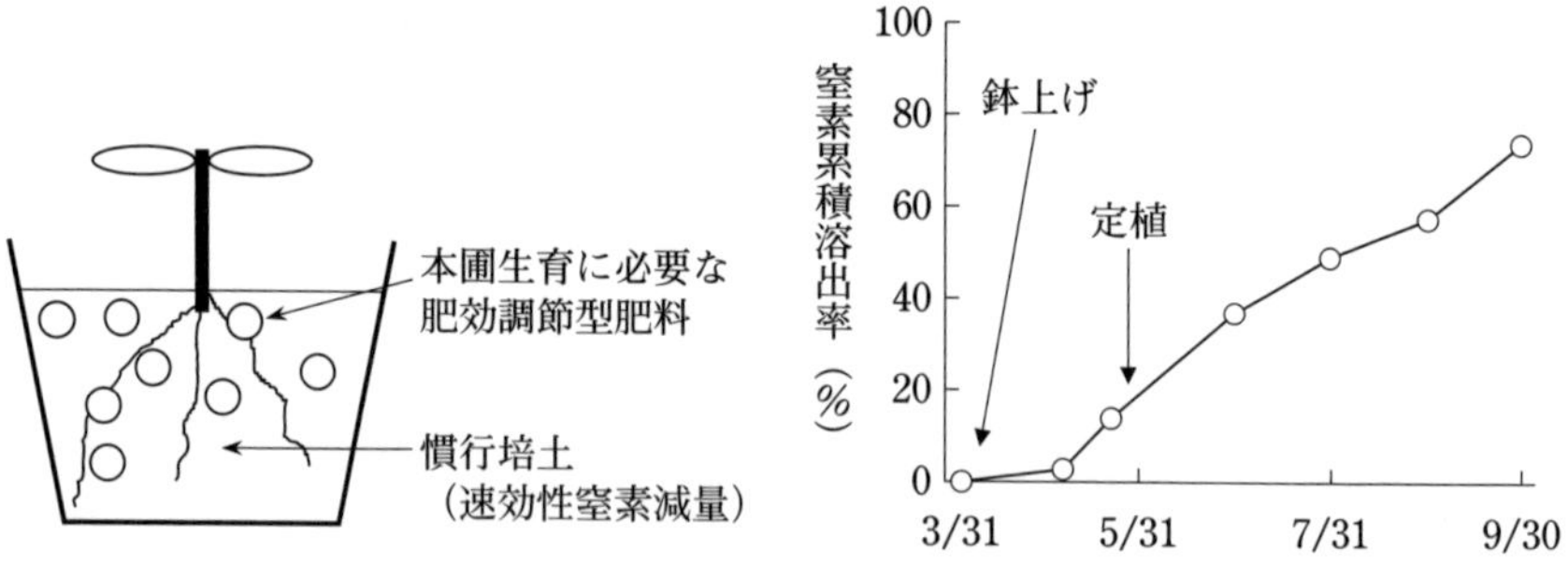

図4―11　鉢内全量施肥と被覆肥料の溶出率
（長野南信農試，宮下）

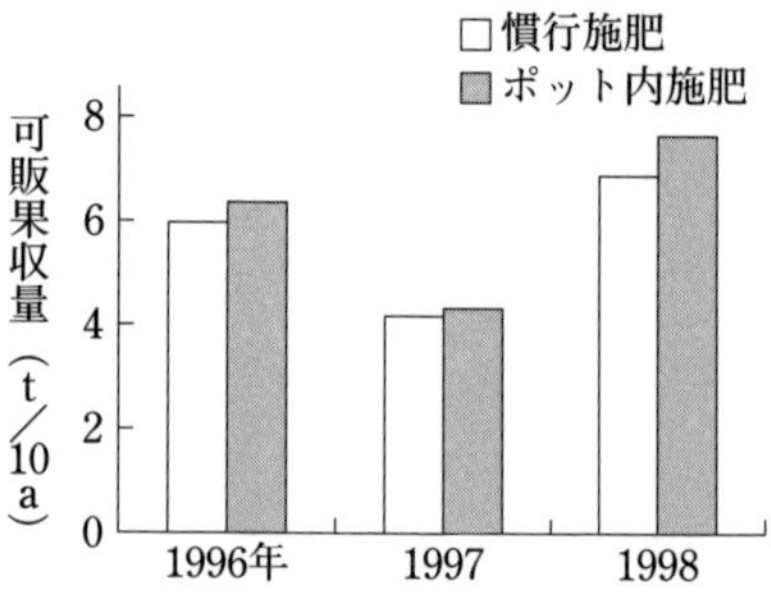

図4―12　施肥法のちがいによる露地ピーマンの収量
（長野南信農試，宮下）

時に、シグモイド型一四〇日タイプを約一〇〇g／ポット施用し、五〇日前後育苗を行なった。ピーマンの栽植密度は二〇八〇株／一〇aであり、一〇〇g／ポット施肥は窒素として三〇kg／一〇a、慣行の窒素施肥量の二五％減に相当する。

　図4―11に示したように、シグモイド型の被覆肥料を用いても育苗期間が長いため定植直前には窒素の溶出があり、苗の生育は旺盛となるため、慣行苗に近い苗を得るには、育苗培土の速効性の窒素量を慣行の三〇％程度に減肥する必要がある。

　五月中旬～六月上旬に定植を行ない、鉢内全量施肥は培土内に必要十分な肥料があるため、十月上旬の収穫終了まで無追肥で栽培できる。三カ年継続した結果をみると、可販果収量は慣行施肥にくらべ、各年ともに収量指数で一〇四～一一一となり、安定した生産性を示す（図4―12）。

　鉢内全量施肥では、育苗期間内の窒素の溶出を抑えて、標準的な苗を育成できるかが最大のポイントである。ピーマンの育苗ポットの大きさと苗質との関係をみると、四号ポットの約半分の三号ポット（容量：二三〇ml）では苗の窒素吸収量が増加し、葉色（SPAD値）も濃くなった。定植用の苗として用いることは可能であるが、窒素過剰傾におちいっていることは事実である。ポットの容量が小さくなれば、その割合に応じて培土内の無機態の窒素含量が増加し、窒素過剰によって苗質が低下する。そのため、健全な苗を育成するには、一定容量以上のポットを使用していく必要がある。

鉢内全量施肥は省力的で、施肥量の節減に結びつく施肥法であり、トマト、セルリー、キュウリなどで技術開発されており、今後、初期の溶出をより以上に抑制した肥料の開発により、新たな技術の発展があると期待される。

②葉菜類の二作一回施肥

《レタス―ハクサイ》

二作一回施肥は、施肥・うね立て・マルチ同時作業機で、七〇日タイプ被覆肥料をうね内の株直下深さ六cmの位置に直線状に局所施肥し、レタス―ハクサイなどの葉菜類を二作続けて栽培するもので、長野県で開発・確立された方法である。レタス―ハクサイの作型では、一作目のレタス収穫後、二作目はレタスの株間にハクサイを定植する。

被覆肥料は株直下に施肥されているため施肥効率が高く、レタス収穫後もハクサイの生育に必要な養分が供給されるため、二〇～三〇％施肥量を節減した条件でも十分な生育量が確保できる（長野県、高橋）。

《チンゲンサイ》

埼玉県ではホウレンソウ、コマツナ、チンゲンサイの葉物類の栽培が盛んで、マルチ栽培によって周年的に年間三～四回作付けされている。各作付けごとに穴あきマルチ除去―施肥―耕起―マルチ張りの一連の作業が必要となってくる。

チンゲンサイは苗を穴あきマルチに移植することも多いので、一作終了後にマルチをはがさずに、ペーパーポット育苗（ポット容量：一九cm^3）した苗を一作目の株を抜いた穴に定植する、被覆肥料を活用したチンゲンサイの二作一回施肥の栽培法を検討した。

速効性の肥料を用いた化成肥料区（窒素三〇kg／一〇a）と七〇日タイプ区（被覆肥料窒素二〇kg、化成肥料一〇kg／一〇a）をつくり、九月上旬～十一月中旬にチンゲンサイ二作を栽培した。一作目では収量、窒素吸収量ともに試験区による明らかな差はみられなかった。しかし、二作目では、七〇日タイプ区が化成肥料区にくらべ増収となって、窒素吸収量も多くなる結果を示している。化成肥料区では二作目に窒素の肥効が劣るので、チンゲンサイの二作一回施肥でも被覆肥料の特性を発揮できたと判断できる（表4―26）。

チンゲンサイは根こぶ病が発生するため産地では大きな問題となってい

表4－26　2作1回施肥によるチンゲンサイの収量，窒素吸収量（kg/10a）

試験区	第１作		第２作	
	可販収量	窒素吸収量	可販収量	窒素吸収量
化成肥料	3,150	8.43	4,240	7.00
被覆肥料	3,250	8.85	4,760	9.04

る。ペーパーポット移植苗を用いることにより、栽培期間を短縮できること、移植苗の周囲は無病の培養土であるため、発病度を大幅に軽減できる副次的効果も期待できる。

③樹園地の局所施肥

ナシ、モモ、ブドウなどの落葉果樹は一定面積当たりの栽植本数が少なく、左右等間隔に植え付けられているため、施肥を行なうときは作業性を重視して圃場の表層部の全面に肥料を施用しているのが実態である。全面表層施肥では主幹から離れた場所にも均一に施肥され、その場所では主幹近くにくらべ細根量が少なく、施肥効率が低下して、むだになる肥料も当然多くなる。

樹園地での理想的な施肥は主幹周囲の根量が多い下層に直接施肥を行なうことであり、新しい試みとして被覆肥料を主幹の近くの土中に局所施肥する方法を検討したので紹介したい。

《ニホンナシ》

関東平坦地のニホンナシ'幸水'では、十一月中・下旬に基肥として有機配合肥料を施用し、その後は速効性肥料を用いて三～六月上旬の間に二回程度の追肥を行ない、収穫終了後の九月上旬に礼肥を施すのが一般的である。基準的な窒素施肥量は二五kg／一〇a前後であり、果樹ではもっとも多い部類に属する。

生研センターが開発した、樹園地用の局所施肥機を用いた。それは、ワインの栓抜きによく似たラセン状のコイル刃が土中に貫入し、六〇cm間隔で二条に土中一〇～一二cmの位置に局所施肥するものである。肥料は七〇日、一〇〇日タイプの被覆肥料で、被覆肥料由来の窒素が全窒素量の約六〇％になるようにそれぞれ同量ずつ配合したものを使用し、十一月下旬に一穴当たり約一〇〇gの肥料を主幹から一m離れた両側に局所施用した。一〇a当たり窒素二〇～二二kgの施肥量であるが、八月上旬の収穫期まで無追肥である。

十一月下旬～七月下旬までの月別の平均気温から七〇日、一〇〇日タイプの溶出量を予測すると、二月、三月と経過するにしたがい徐々に増加し、四月からの二カ月間にピークとなり、六月以降は減少する山型の溶出パターンを示す。したがって、四月と五月に窒素の肥効が高まる施肥設計である。

　局所施肥区は慣行施肥区にくらべ、三年間の平均で一〇%程度増収するが、それ以上に大きなちがいが見られたのが局所施肥部の細根量であり、図4—13で示したように被覆肥料を包み込むように細根が発達している。局所施肥区の施肥部と慣行施肥区の主幹から一m離れた同位置の縦、横三〇cm、深さ一五cmの土壌を採取し、根量解析ソフトを用いて根長を測定すると、局所施肥部では慣行栽培にくらべ〇・五mm以下の細根長が六倍多かった。

　被覆肥料は徐々に肥料養分が溶出するので、局所施肥部の周辺は溶出する養分を求めて細根が発達したためである。局所施肥により、主幹の周辺に細根量をより多く発達させることができ、その部分を集中管理することにより、新しい施肥法に結びつけられる可能性がある（表4—27）。

　局所施肥機は土中に穴を開けて施肥してすすむため、施肥速度が遅く、実用性についてはもう一つの感がある

図4—13　局所施肥部に発達したナシの細根

表4—27　被覆肥料の局所施肥部の根重・根長

試験区	根径別の生体重（g/13.5l）				根径別の根長（m/13.5l）			
	～1mm	1～2mm	2mm～全重		～0.5mm	0.5～1mm	1mm～	全根長
全面表層施肥	14.7	7.3	46.0	68.0	54.8	9.6	5.1	69.5
局所施肥・施肥部	38.5	7.2	41.2	86.9	320.4	16.5	4.8	341.7
局所施肥・無施肥部	6.1	10.8	25.5	42.4	16.3	5.1	4.9	26.3

が、今後の果樹の施肥管理の方向について新しい示唆を与えてくれることは事実である。

(5) 被覆肥料に望むもの
──被膜分解性の向上

被覆肥料は優れた肥効調節機能がある。この機能は肥料を被膜しているプラスチック樹脂によるものであるが、成分が溶出した後には樹脂が土壌中に残る。

被膜の樹脂量は被覆肥料全体の一〇%程度であり、かりに窒素成分として二五kg／一〇a施肥しても、窒素含量一四%の被覆肥料の被膜量は二〇kg以下である。一〇a当たりの作土量が一〇〇～一二〇tなので、それからみるとわずかである。しかし、栽培終了後に被膜の殻が目立つのは事実である。土壌に施用された物質は微生物の働きにより分解・無機化されるという循環を考えると、微生物分解を受けにくい被膜の殻が土壌中に長期間残ることは好ましいことではない。

これを解決するため、被膜用の樹脂に植物油を混合したり触媒材を加えて光崩壊性を付加するなど、微生物分解を受けやすくした被覆肥料が流通するようになってきている。またプラスチック樹脂に生分解性樹脂を混合した肥料の開発も行なわれている。

被覆肥料は施肥の省力化、施肥効率の向上に貢献しており、今後被覆肥料を用いた栽培面積の増加を考えると、より被膜の分解機能が向上した肥料の開発が望まれる。

第5章

土づくりと有機物施用

——生育の土台づくり

1　地力と腐植

第一～四章では作物生育と施肥の関係について述べてきたが、それ以上に重要なのが作物生育を土台から支えている土壌の働きであり、この働きが低下している状態では、緻密な施肥管理を行なっても作物は十分に育つことができない。これは、外観からみた立派な構造物でも、それを支えている地中の柱がしっかりしていなければ、強い地震によってすぐに崩れ落ちてしまうことに共通している。

土壌の働きとは何か。それは土壌の養分供給力、緩衝能、養分保持力の機能である。これには土壌の腐植が大きな役割を演じており、作物の安定生産をはかっていくには、持続的な土づくりにより多面的な機能がある腐植を増加・維持させていくことにつきると考えられる。

(1)　腐植はどのようにつくられるか

土を深く掘って、その断面をみる。そうすると、表層部の土は黒色を示しているのに対し、下層部の土は黒色が薄くなっており、この土の色を黒くしているのが、まさしく腐植である。表層部には作物根の残物や有機物が補給され、それらが給源となって生物的、化学的、物理的作用を受けて腐植がつくられる。

土壌に施用された有機物は最初に土壌動物のエサになって物理的に細断される。次に有機物中の糖、セルロース、ヘミセルロース、蛋白質は土壌微生物の働きによって、炭酸ガス、水、アンモニアに無機化される。

しかし、有機物中のリグニンは、生物的分解に対して比較的強く、やや変形した形で土壌に残存する。リグニンはその後、微生物菌体の窒素を取り込みながら一部は低分子の有機化合物となり、やがては重縮合して暗色無定形の高分子化合物、すなわち腐植になると考えられている。

(2)　増える腐植と増えない腐植
――遊離形腐植と結合形腐植

腐植は粘土鉱物や陽イオンと結びついているため、土壌からそのままの状態で取り出すことができない。しかし、化学的方法により腐植を取り出すこと

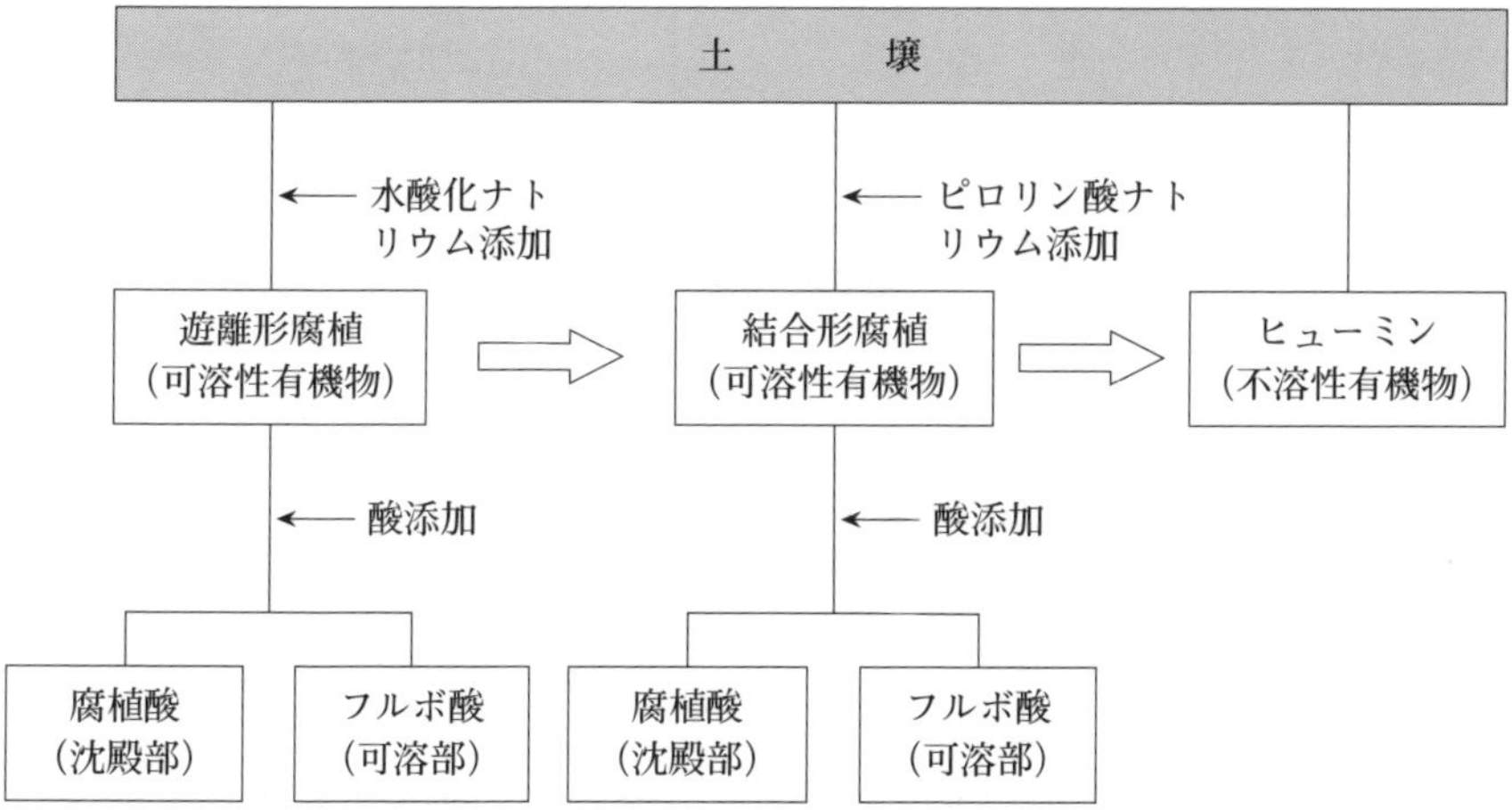

図5—1　土壌からの腐植の抽出方法

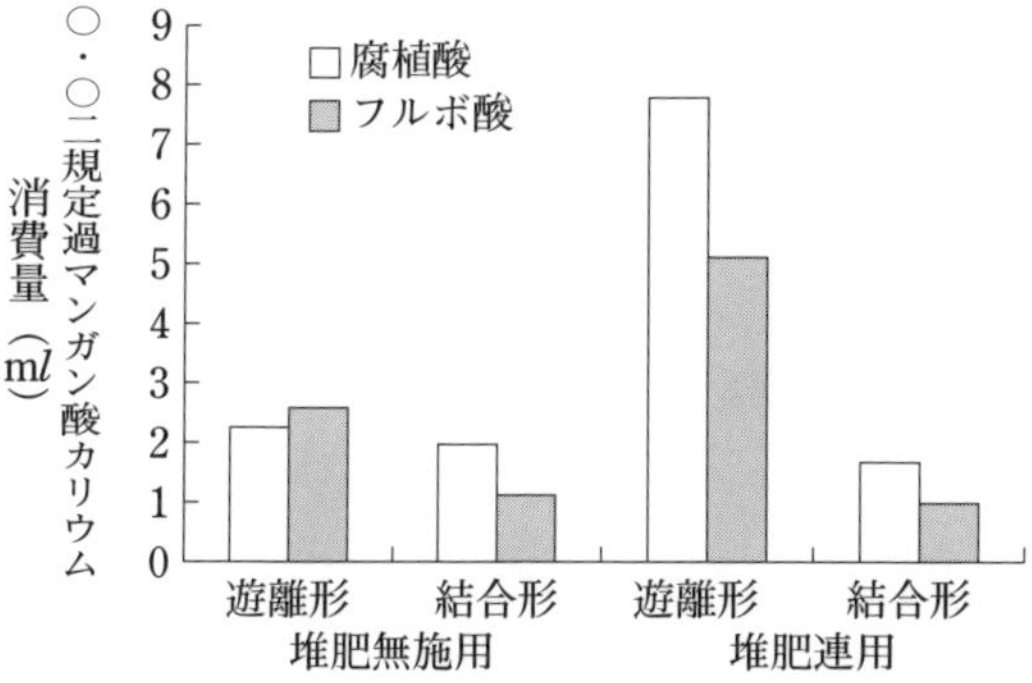

図5—2　イナワラ堆肥施用の有無による腐植含量のちがい

は可能で、その一つとして熊田が明らかにした逐次抽出法がある。最初は薄い水酸化ナトリウム溶液、次いでピロリン酸ナトリウム溶液で抽出する。水酸化ナトリウム溶液で抽出した腐植を遊離形、ピロリン酸ナトリウム溶液で抽出した腐植を結合形とし、抽出した腐植に酸を加えて酸性にすると沈殿物ができ、これが腐植酸、沈殿しない残りがフルボ酸として分ける方法である。また、土壌の中には水酸化ナトリウム液、ピロリン酸ナトリウム液では抽出できない、粘土鉱物と強く結びついている腐植があり、これをヒューミンとしている（図5—1）。

　有機物施用の有無によって、土壌中の腐植含量はどのように変わってくるのか。これを知るため、沖積土壌の野菜畑で二五年にわたってイナワラ堆肥連用（毎年二t／一〇a）の土壌と無施用の土壌の腐植含量を調査したことがある。

　遊離形腐植はイナワラ堆肥連用土壌が無施用土壌にくらべ作土では三倍多く、下層土でも作土ほど顕著でないが同様の傾向

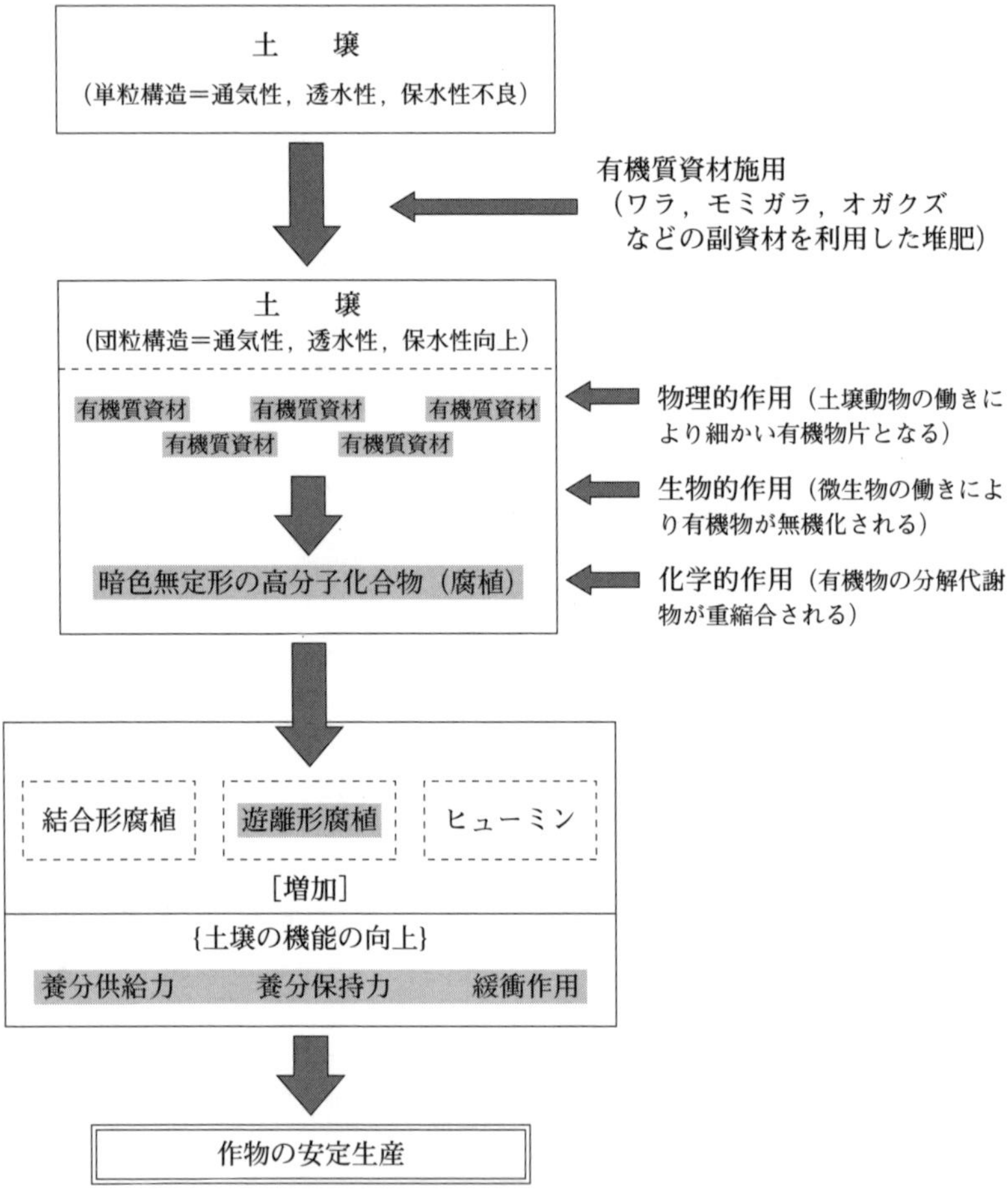

図5—3　腐植の生成とその働き

にある。これに対し、結合形腐植は堆肥連用土壌、無施用土壌ともに同含量であり、イナワラ堆肥連用による腐植の増加はみられない（前ページ図5—2）。

　この結果から判断すると、結合形腐植は土壌の母材として本来から備わっている腐植、遊離形腐植は土壌管理のちがいによって影響を受ける腐植とみなすことができる。このことをわれわれ人間にたとえると、結合形腐植は素質であり、遊離形腐植は長い間の地道な努力によって獲得した真の力量に相当するもので、優れた素質があってもその後の努力がなければ開花できないことに通じるものがある（図5—3）。

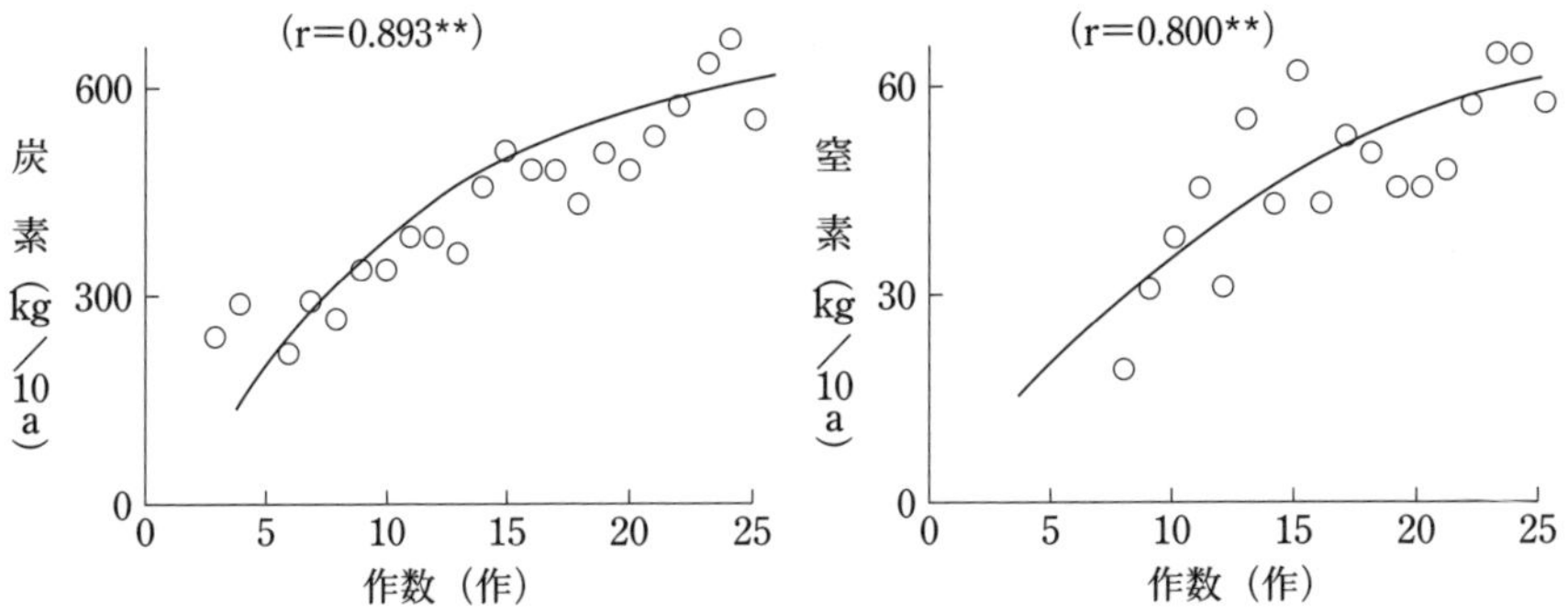

図5―4　イナワラ堆肥連用による作土の全炭素，全窒素の増加量と作数の関係

(3)　腐植の働きとその作用

①土壌肥沃度と腐植

養分供給力

土壌腐植を構成している主要元素は炭素と窒素であり、土壌中の有機態の炭素、窒素含量が腐植をみるための一つの指標となる。

前項で紹介したように、沖積畑土壌で野菜を対象に二五年間にわたって実施したイナワラ堆肥連用試験がある。この試験のイナワラ堆肥連用土壌の炭素、窒素含量から無施用土壌の含量を差し引いて経年的な炭素、窒素の蓄積量をみると、栽培年数が経過するにしたがい炭素、窒素含量ともに徐々に増加し、作土の炭素、窒素の蓄積量と栽培年数の間には有意な関係がある（図5―4）。二五年間に増加した炭素、窒素含量はそれぞれ〇・五％、〇・〇五％となり、一〇a当たりの作土量は一二〇tであることから、蓄積した作土の炭素量は六〇〇kg／一〇a、窒素量は六〇kg／一〇aである。

増える腐植と増えない腐植の二つがあることを前述したが、イナワラ堆肥施用によって増加した腐植は、増える腐植に相当する遊離形の腐植である。この腐植の窒素含量から一〇a当たりの腐植の窒素総量を求めると、堆肥連用土壌では一〇〇kg、無施用土壌では四〇kgとなる。一作当たりの窒素施肥量が二〇〜二五kg／一〇aなので、堆肥連用土壌では四〜五作分に相当する遊離形腐植由来の窒素が作土に蓄積していることになる。堆肥連用土壌と無施用土壌では約二・五倍の差がみられ、増加した腐植の窒素量は差し引き六〇kgであり、図5―4の土壌中の全窒素の増加量から求めた値とよく一致するのがわかる（図5—5）。

有機物施用によって増加した、腐植の窒素はどのような働きをするのか。腐植の中でも微生物のアタックを受けやすい易分解性の部分は、地温上昇による活発な微生物活動にともなって分解され、無機態の窒素になる。この腐植由来の可給態窒素は、栽培全期間にわたってゆっくりと持続的に供給され、たとえば窒素肥料が不足して生育が劣る状態になったときでも、生育不良を補うことができ、地力窒素として作物の安定生産のために大きな役割を演じている。

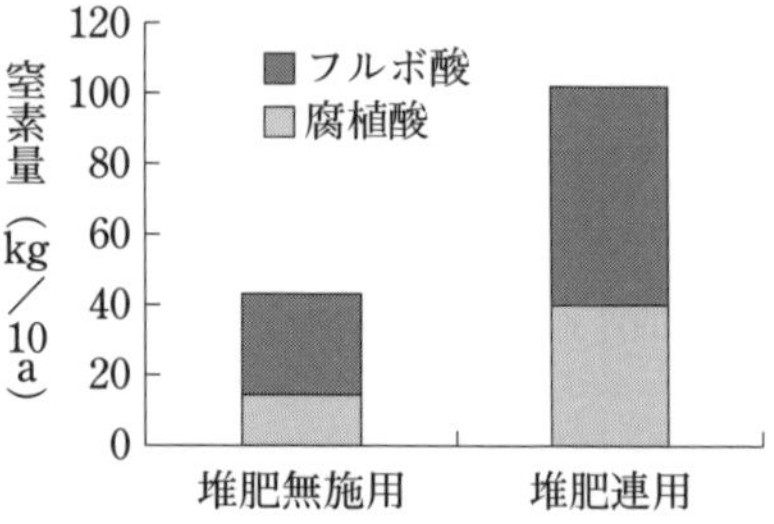

図5—5　作土における遊離形腐植の窒素量

養分保持力

土壌粒子はマイナスイオンを持っているため、肥料養分のアンモニア、カルシウム、マグネシウム、カリウムなどのプラスイオンを保持することができ、この養分保持力を示す指標として陽イオン交換容量があり、われわれの胃袋に相当する部分である。

この土壌粒子と同様な働きをするのが腐植である。腐植はカルボキシル基やフェノール基に起因するマイナスイオンを多数もっており、しかも陽イオン交換容量が一五〇～二〇〇cmol(+)／kgと土壌の一〇～二〇倍もあり、土壌中に腐植が増加していくことにより、土壌の陽イオン交換容量、所謂、胃袋を大きくすることにつながる。

実際に、堆肥連用土壌と無施用土壌の陽イオン交換容量を比較すると、堆肥連用土壌は表層土（作土）、下層土ともに一五cmol(+)／kgとなり、堆肥無施用土壌にくらべ一五％前後多くなっている。陽イオン交換容量の増加は持続的なイナワラ堆肥連用によるものであり、これにより土層全体の養分保持力を高く維持することができる。

緩衝能

土壌養分の過不足など、不十分な土壌管理が原因で作物生育に対して阻害的な作用が加わったとき、それを軽減する働きをするのが土壌の緩衝作用であり、腐植はこの働きに大きくかかわっている。

土壌の緩衝能について、細谷が行なった試験がある。火山灰土壌で二〇年間にわたって堆厩肥を多量連用した土壌と無施用の土壌をポットに入れ、窒素施肥量を変えてホウレンソウを播種し、ホウレンソウの生育と窒素施肥量の関係を調べた。堆厩肥の無施用土壌では、窒素一g／ポットで最大収量となり、それ以上に窒素施肥量を増加していくと急激に生育・収量が劣ってくるようになる。これに対し、堆厩肥連用土壌は窒素二g／ポットで最大収量となり、二g以上に窒素施肥量を増加しても無施用土壌のような生育・収量の急激な落ち込みはみられない。

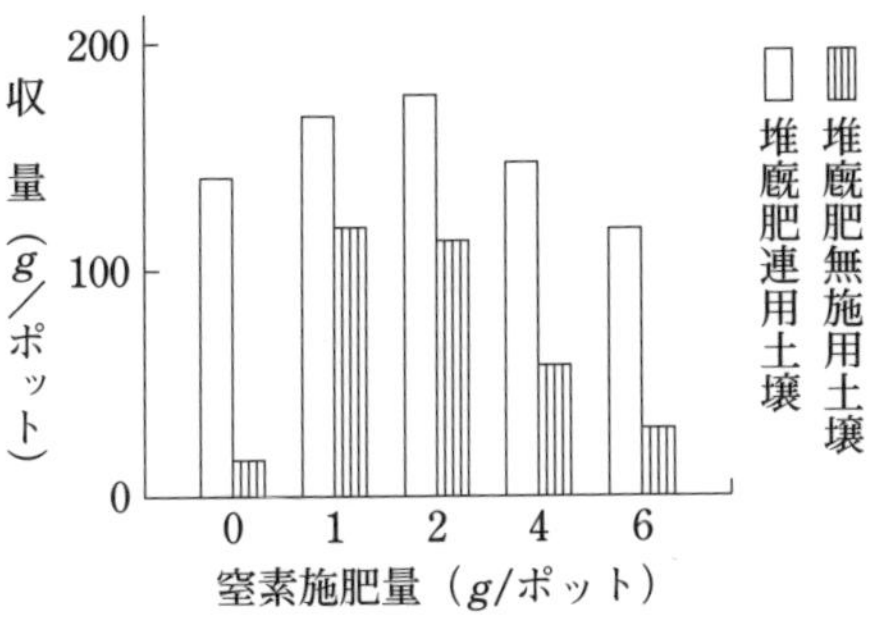

図5－6　窒素施肥量のちがいによるホウレンソウの生育量

（埼玉，細谷）

無施用土壌は窒素増肥によって無機態窒素含量が高くなると、窒素過剰による濃度障害の影響を強く受けるが、堆厩肥連用土壌では腐植含量の増加により窒素過剰害を軽減する働きがある。さらに収量水準も高く、堆厩肥連用の有無による土壌の緩衝能のちがいを的確に示している（図5—6）。

以上のように、養分供給力、養分保持力、緩衝能は土壌に備わった優れた機能であり、作物の安定生産のためには持続的な有機物施用によって腐植量の維持・増加をはかり、土壌が保持している機能をよりいっそう高めていくことが求められる。

②土壌団粒をつくる
——物理的効果

有機物が土壌に施用されると、有機物は土壌中で腐植に変質していく過程で、有機物由来のグルコースなどの多糖類の働きで土壌粒子が結びつけられ、耐水性団粒がつくられていく。土壌が団粒構造になると、土壌の中に空間ができるようになり、これによって土壌の通気性、透水性、保水性が向上してくる。

イナワラ堆肥連用土壌と無施用土壌の土壌硬度を比較すると、堆肥連用土壌は表層～下層の土層全体が軟らかくなっているのに対し、無施用土壌は深さ二〇～四〇cmの下層土で硬くなっている（図5—7）。また、土壌に大きな金属製の円筒を打ち込み、円筒の中に水を入れて一定時間当たりの水の減少量をみても、堆肥連用土壌では無施用にくらべ三倍以上あり、堆肥連用により透水性が良好になっているのがわかる。

腐植そのものは土壌の物理性改良に与える効果は少ないが、腐植がつくられる過程で土壌物理性の向上に大きな

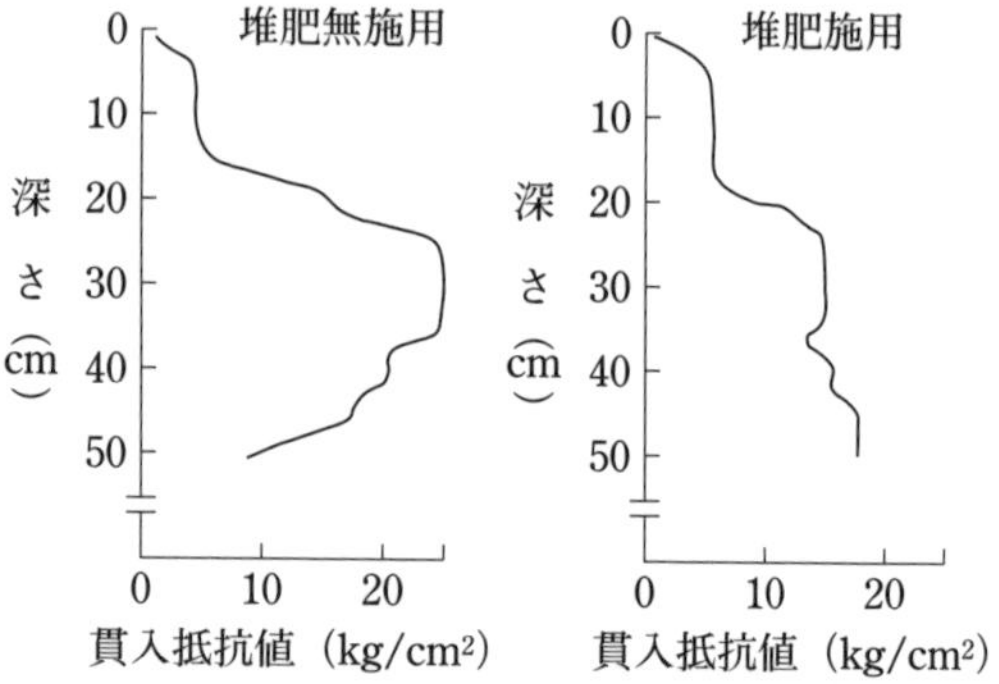

図5－7　イナワラ堆肥無施用，連用土壌の深さ別土壌硬度

役割をはたしている。土壌物理性が改良されることにより作物根の根域が広がり、生育量の向上に寄与すると判断される。

2　有機物の分解と蓄積

(1)　腐植と有機物の補給・分解

土壌に施用された有機物は土壌生物の働きにより、炭酸ガス、水、アンモニアに分解され、一部は腐植として残存するが、やがて土壌中から消失する。このため、土壌の腐植含量を一定水準で維持していくには、分解する腐植量に見合った有機物を持続的に施用していく必要がある。しかし、一口に有機物といってもその種類は多種多様で、それぞれの有機物の分解特性が異なることから、施用にあたってはその特性をよく理解しておく必要がある。

特に、腐植量の増加に有効な資材は、難分解性のリグニンなどを含み、炭素率の高いワラ類、モミガラ、オガクズなどを利用した堆肥である。養分含量が低いため、施用量を多くすることができ、必然的に土壌の炭素量、窒素量も増える。

(2)　各種有機物の分解特性

①有機物分解の測定方法

土壌中での有機物の分解量を的確に測定する方法は昭和四十年代まではなかった。しかし、当時の農林水産省農事試験場の前田らが、一定量の土壌と有機物を混合してガラス繊維ろ紙に包み、これを土壌中に埋設して一定期間

表5—1　各種有機物の炭素と窒素の含量，炭素率（埼玉農総セ，山﨑）

有機物の種類	ダイズ粕	ナタネ油粕	骨粉	豚ぷん堆肥	鶏ふん堆肥	牛ふん堆肥	イナワラ堆肥	イナワラ	コムギワラ
全炭素(%)	44.4	42.9	18.2	31.0	23.2	36.3	28.6	38.8	42.0
全窒素(%)	7.52	6.34	4.31	3.95	3.42	2.75	1.87	0.76	0.33
炭素率	5.9	6.8	4.2	7.9	6.7	13.2	15.3	51.1	127.3

注　豚ぷん堆肥と鶏ふん堆肥は副資材なし，牛ふん堆肥は副資材入り

ごとに掘り出し、炭素と窒素の減少量から経時的な窒素と炭素の分解量を調べるガラス繊維ろ紙法を開発した。それによって、土壌中での長期間にわたる有機物の分解と蓄積を明らかにできるようになった。

②畑での有機物の分解

この方法を用いて各種有機物の畑地での分解特性をみると、炭素率（炭素／窒素、CN比）が五前後のダイズ粕、ナタネ油粕、骨粉は一カ月後に窒素で六〇～七〇%、炭素で七〇～八〇%、三カ月後では窒素で八〇～九〇%、炭素で八〇～九〇%と短期間に分解がすすむ。そのため、残存する炭素量、窒素量は少なく、有機質肥料としての働きが主体である。

炭素率が七～八の豚ぷん堆肥（副資材なし）、鶏ふん堆肥（副資材なし）は三カ月まで窒素と炭素の急激な分解がすすむ。その後は少なくなるが、窒素含量が高いため肥料的な働きが強い。鶏ふん堆肥は豚ぷん堆肥より窒素の肥効が顕著である。

これに対し、炭素率が一三～一五の副資材入り牛ふん堆肥、イナワラ堆肥は一年後に窒素で二〇%前後、炭素で三〇～四〇%が分解し、その後も緩やかな分解が続くが、土壌中に残る窒素量、炭素量が多く、腐植生成のための給源となり、肥料的な効果よりも土づくり資材としての役割が高い（表5—1、図5—8）。

以上のように、有機物といってもそれぞれの分解特性は異なる。そして、作物生育にとって重要な窒素の肥効は炭素率に左右される。有機物中の窒素の分解が始まる炭素率は一般的には二〇前後とされている。コムギワラ、モミガラ、オガクズのように炭素率が一〇〇以上の有機物では、窒素の分解とは逆の作用、すなわち土壌中から窒素を取り込み、作物は窒素不足におちいることもある。

有機物の施用にあたって注意することは、窒素の肥効を十分に把握する。また、未熟なものでは短期間に急激な

分解が起こり、土壌中では酸素が奪われ一時的に還元状態になることもある。このような条件では、一定期間経過してから作物を栽培しなければならない。

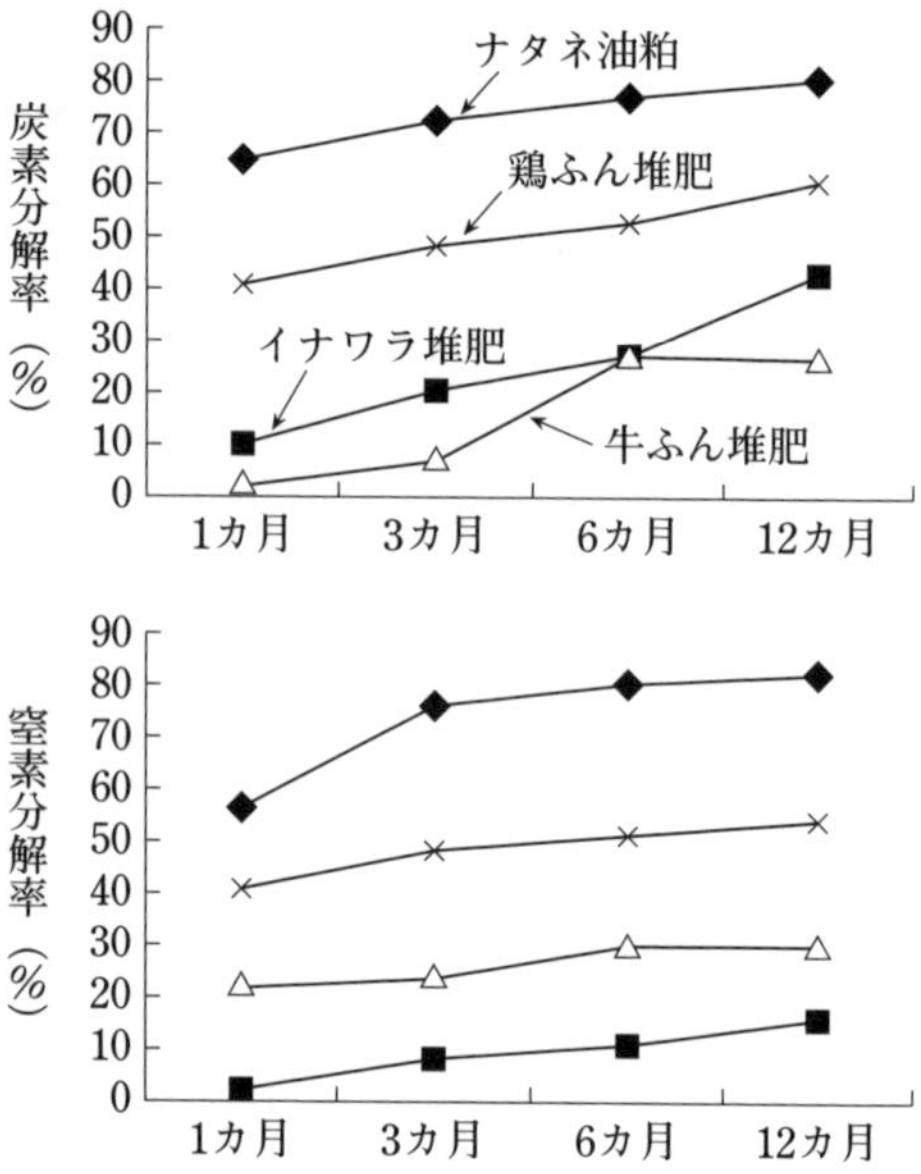

図5−8　各種有機物の炭素，窒素の分解の経時的変化

（埼玉農総セ，山﨑）

(3) 有機物連用による土壌肥沃度の維持・向上

　腐植のなかの易分解性の部分は、微生物分解を受けて無機態の窒素になり、緩効的な窒素の給源になることを述べたが、作物生育との関係をみていく場合、どの程度の窒素量が無機化するのか、その総量を把握しておく必要がある。

　以前は普通に使われていたイナワラ堆肥の施用も、現在では皆無に近い状態であるが、堆肥施用の意義を解析するうえで、長期間の分解特性が判明しているイナワラ堆肥を例にして、可給態窒素量を検証してみる。

①イナワラ堆肥連用による窒素の供給量

　ガラス繊維ろ紙法によるイナワラ堆肥の窒素の一定年数における経時的な分解率から予測式を求め、この予測式からイナワラ堆肥の長期的な分解率を推測することが可能となる。そして、一〇年後、一五年後、二五年後の窒素の分解率は、それぞれ三二%、三五%、三八%と求めることができる（図5—9）。

　二五年間（二五作）にわたる沖積土

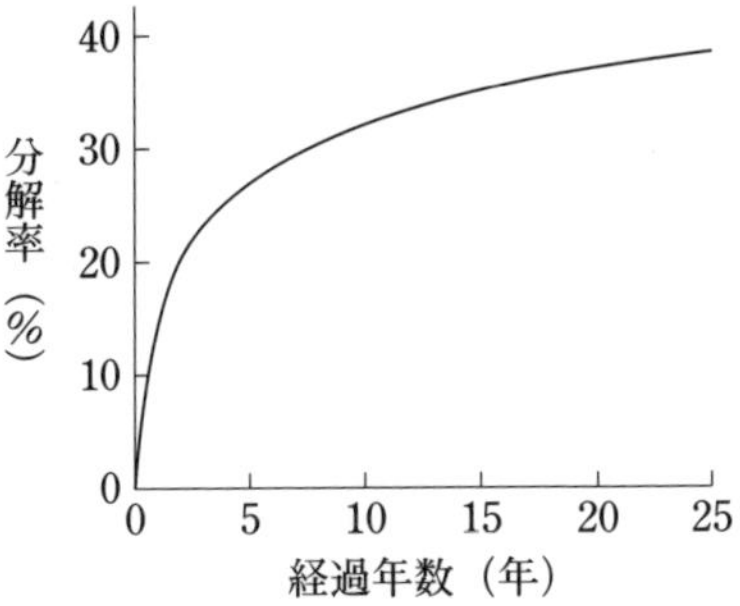

図5―9　イナワラ堆肥の窒素の経年的な分解率の予測

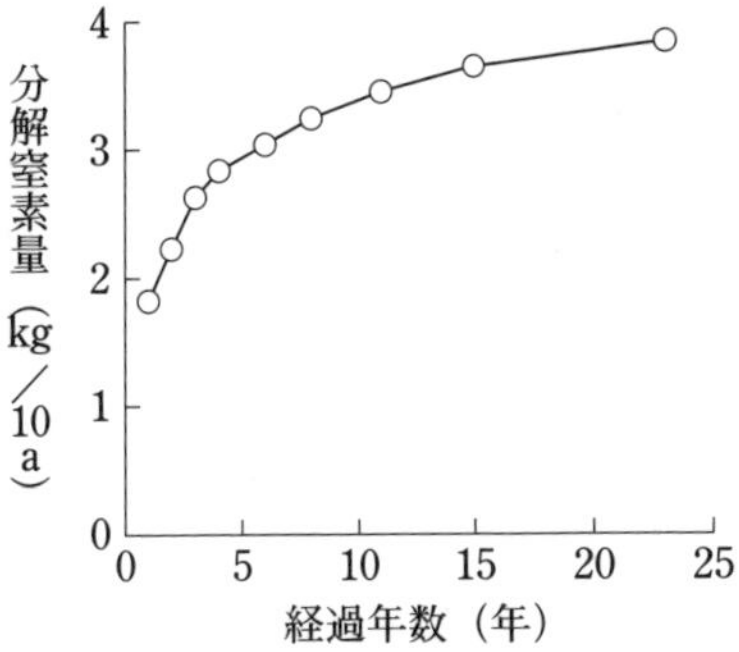

図5―10　イナワラ堆肥2t/10a連用したときの窒素分解量

壌の野菜畑で、一〇a当たりイナワラ堆肥二t（水分：七一・七％、炭素：三一・六％、窒素：一・八三％）連用したときの、一作当たりの堆肥由来の窒素施用量は一〇・四kgであり、一〇年後では三・三kg、一五年後では三・六kg、二五年後では四・〇kg分解することになる。イナワラ堆肥を連用したときの各年度別の累積の窒素分解量は、図5―10のように示すことができる。

　これをみると、窒素量は堆肥連用初期は急激に増加するが、連用五～六年以降になると三～四kg／一〇aと漸増状態となり、緩効的な窒素の給源として作物に安定的に供給されるようになる。イナワラ堆肥連用土壌は無施用土壌にくらべて、可給態の窒素量が多くなり、さらにイナワラ堆肥由来のカリ、リン酸も持続的に供給される。したがって、現行の施肥量より窒素で二〇％、カリ、リン酸で五〇％の施肥量の節減が可能となり、地力を重視した環境保全的な施肥管理を実施できる。

②肥沃度維持のための有機物施用量

　土壌肥沃度を左右する腐植の構成成分である、炭素、窒素の蓄積量を一定水準で維持していくには持続的な一定量の有機物の施用が求められる。さらにより高い水準での土壌肥沃度の維持のためには、多量の有機物の施用を必要とする。しかし、多量の有機物を持続的に施用すると、土壌養分のかたよりが生じたり、多額の経費を必要とするため、施用量には限界がある。

　野菜畑の場合、通常では炭素、窒素の分解が緩やかな副資材入り牛ふん堆肥かイナワラ堆肥、またはこれに類似した有機物を二t前後連用して土壌肥沃度の維持をはかる。そして、有機物由来の養分供給量、土壌の養分含量を考慮した施肥を行なうことが、作物の安定生産に結びつく最適の方法であると考えられる。

3　有機物の施用と効果

これまでは、作物の安定生産のためには土壌の機能を高める腐植の働きが重要であること、腐植を維持・増加させるには持続的な有機物施用が必要なことを述べてきたが、実際に野菜畑、樹園地での有機物施用効果はどのようになっているのか。実例を示して紹介していきたい。

(1) 野菜畑でのイナワラ堆肥連用効果
――二五年間の検証

沖積土壌の野菜畑で窒素、リン酸、カリ、石灰を施用した四要素区に、イナワラ堆肥施用（二t／一〇a）の有無を組み合わせた試験を二五年間（二五作）にわたって実施した。栽培した野菜はキャベツ、ハクサイ、レタス、タマネギ、ニンジン、ダイコンなど一一種類である。

イナワラ堆肥連用による炭素、窒素の蓄積量、可給態窒素の供給量からもわかるように、土壌肥沃度の向上には五～六年の期間が必要である。そして、炭素、窒素の蓄積量、窒素供給量（窒素分解量）は、七～八年以上経過すると漸増状態となるが、一定水準の値を安定して維持するようになる。野菜の生育もほぼこれに準じたようになり、

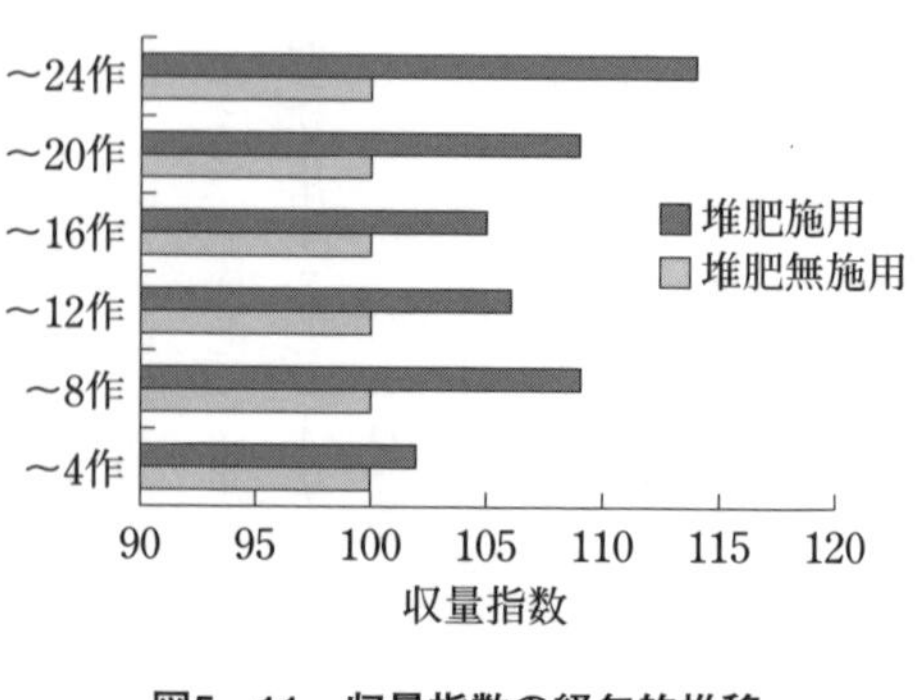

図5―11　収量指数の経年的推移

四作ごとに区切って収量の経過をみると、イナワラ堆肥施用初期では一定した効果はないが、堆肥施用五作以降では増収効果がみられる。そして、一五作以降では無施用にくらべ一〇％近くの収量増となり安定的な施用効果を示すようになる（図5―11）。

すでに述べたように、堆肥由来の窒素供給量が五～六年以降になると一〇

a当たり三～四kg／年と緩効的でかつ安定的な窒素の肥効を示すこと、土層全体の陽イオン交換容量の増加がみられ養分保持力が高まること、さらに透水性が向上し、表層土～下層土が膨軟に保たれ、野菜の生育収量の増加に結びついたと判断される。

(2) 樹園地での草生栽培、堆肥局所施用の効果

①草生栽培による有機物補給量

樹園地における草生栽培は養分の競合、刈り取りによる労力の負担はあるものの、有機物の補給、機械走行の利便性、表層土の流出防止などの利点が多いため、草生栽培を導入している生産者も多い。ナシ園での二一年間牧草を導入した草生栽培と清耕栽培の土壌の化学性、物理性を比較すると、清耕栽培は表土が五cmなのに対し、草生栽培では一〇cm以上と約二倍になる。草による有機物補給によって全窒素、全炭素含量が増加し、この間に蓄積された窒素は一〇a当たり一三〇kg、炭素は一、四〇〇kgと莫大な量となる。

また、草生栽培は清耕栽培にくらべ表層が厚くて膨軟化しており緻密度、貫入抵抗値が低く、降雨時では排水不良、地表水の停滞を未然に防ぐことができる。土壌の化学性の改善も加わり、ナシの細根の発達に対し良好な結果をおよぼすと判断される。

②堆肥局所施用の効果――ナシを例に

果実収量と細根量の関係

現在、果樹栽培にとって大きな問題は改植が進まず、高樹齢化によって収量が漸減していることである。ニホンナシについても同様であり、特に主要品種である'幸水'で収量減が目立っている。一方、高樹齢樹であっても高い収量を維持している園もあり、収量の高い園ほど細根量が多く、生産性の維持・向上をはかっていくには、細根量を増加させる対策が重要である（図5―12）。

施用方法

ナシ園土壌の表層部は、機械の走行によって土壌が硬くなって根が発達しにくいことと、ナシの根は沖積土壌の場合、深さ一〇～五〇cmに主要根群域があるので、表層に堆肥を施用しても根の発達を促す土壌改良効果は劣るといえる。樹園地の土壌改良にとって重要なことは、断根の影響を極力少なくしながら主要根群域に良質な有機質資材を施用することである。これに合った方法として、堆肥を局所的に施用する「たこつぼ方式」が考えられる。

二五年生の'幸水'を対象に試験を

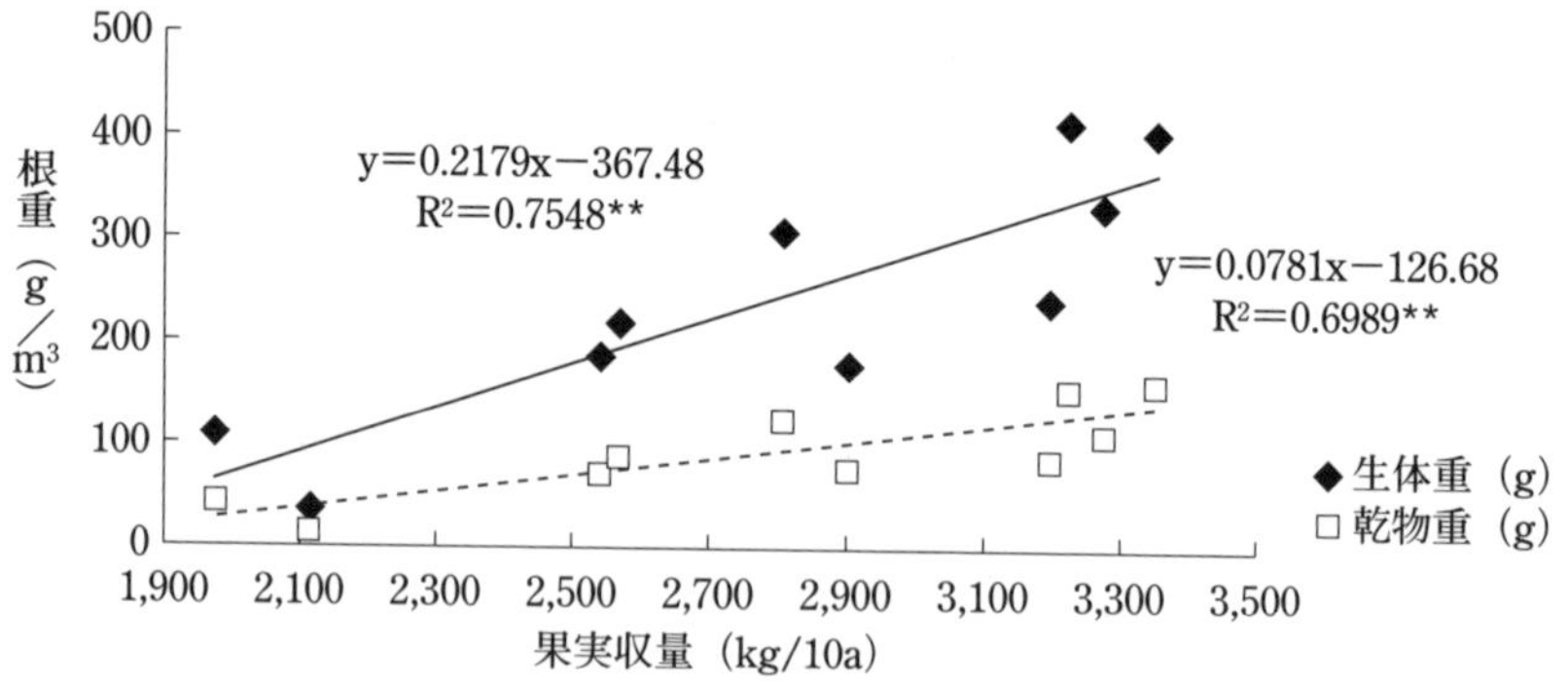

図5―12　'幸水'の1mm以下の根重と果実収量の相関関係

（埼玉農総セ，島田）

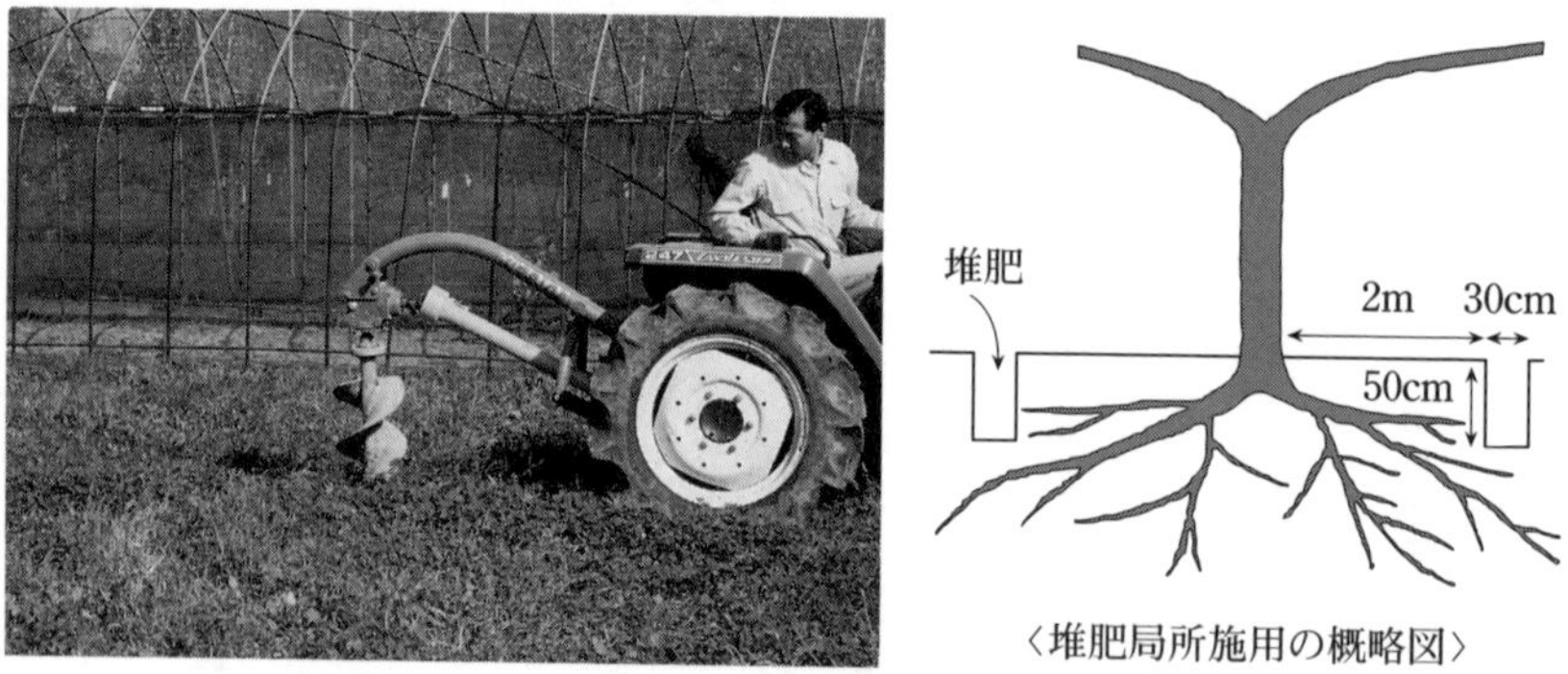

図5―13　ホールディガーと堆肥局所施用の概略図

実施した。局所施用の方法は、トラクターに装着できるホールディガーという穴掘り機を用いて、主幹から約二m離れた位置に放射状に八カ所、直径三〇cm、深さ五〇cmの縦穴を掘り、一穴当たり二〇kg前後の牛ふんモミガラ入りの堆肥を土と混和せずに局所施用するもので、二年間継続して行なった（図5―13）。

効果と持続性
――細根量の増加と果実収量・品質

局所施用部は新根の発達が良好となり、採取した根を根量解析ソフトを用いて一穴当たりの総根長を調べると、無処理にくらべ〇・五mm以下の細根長が三～四倍（一四〇～一七〇m）となり、四～五年の持続効果がみられる。ナシの果実収量は一〇％程度増収し、果実糖度も無処理と同等で、堆肥の一時的な多量施用による悪影響もみられず、根群域の改良方法として、堆肥局所施用は有効と判断される。

ホールディガーを用いた堆肥局所施用は、直線的に作業を行なうと能率が上がるので、初年目は主幹の横方向の両側の三カ所、翌年は縦方向の両側三カ所を改良すると実用的である。二年間で一〇t近くの堆肥を施用することになるが、四～五年の持続効果があるため、年換算では二t程度の施用になる。（図5—14、図5—15）

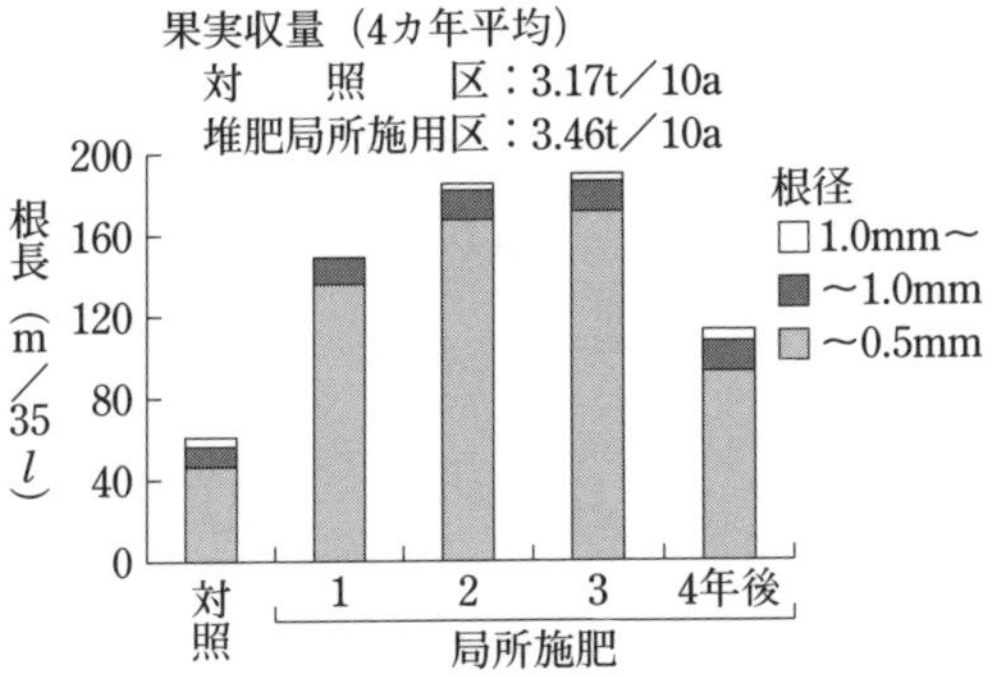

図5—14　堆肥局所施用有無による根径別根長
（埼玉農総セ，島田）

図5—15　堆肥局所施用によって増加したナシ細根

施用の注意点

礫や石が多い土壌条件では、ホールディガーの刃の破損が生じるので適さない。施用する堆肥は肥料濃度の高い畜ふん堆肥は避け、牛ふんにモミガラ、ワラなどの副資材を加えた完熟堆肥を使用する。改良部は主幹から二m以上離し、支持根の損傷には十分に注意を払う必要がある。また、低地の排水不良園では避けるようにする。

4 有機質肥料は化学肥料の代替ができるのか

化学肥料に重点をおいた現代農法に対して、有機質肥料、有機質資材を施用して地力の維持・向上をはかり、作物の高品質化や安全性を追求する農法がある。土壌に施用された有機物は微生物分解を受けて無機イオンとなって作物に吸収されるため、最終的には化学肥料と同じであるという考え方もできるが、地力の向上を忘れ、無機質の化学肥料のみに依存した栽培も問題である。基本的には両者の長所を生かした栽培技術が必要である。これを検証するため、私と一緒に研究を行なってきた山﨑の試験について紹介したい。

(1) 野菜の生育、土壌養分への影響
——五年間の比較

①野菜の生育と収量への影響

化成肥料（窒素：リン酸：カリ各一三％）を使用した無機肥料区、無機肥料区と同窒素量としたダイズ粕区、豚ぷん堆肥区、オガクズ牛ふん堆肥区、三種類の有機物由来の窒素が等しくなるよう混合した有機肥料区、ならびに無機肥料区と有機肥料区の窒素の半量ずつを混合した無機・有機肥料区をつくり、葉物（ホウレンソウ、チンゲンサイ）—レタス—越冬キャベツの、年三作の作型で五年間試験を行なった（表5—2）。

表5—2　施用有機物の成分組成（％）

（埼玉農総セ，山﨑）

施用有機物	炭素(C)	窒素(N)	リン(P)	カリ(K)
豚ぷん堆肥	27.1	3.3	4.8	2.7
ダイズ粕	44.4	7.5	0.7	0.7
オガクズ牛ふん堆肥	36.3	2.8	0.9	0.8

有機物のみを施用した各試験区の野菜の収量は、無機肥料区にくらべ低収となった。野菜別にみると、キャベツでもっとも収量減が大きく、次いで葉物（ホウレンソウ、チンゲンサイ）、

レタスの順であった。

　十一月中旬に定植し、越冬後の五月上旬に収穫するキャベツは、冬季～春先の地温の低下のため施用有機物の分解が遅れ、窒素の供給が少なかったことが主因である。八月下旬～九月上旬に定植するレタスは、夏季の地温上昇により施用有機物の分解がすすみ、窒素の供給が増加したため生育良好となった。

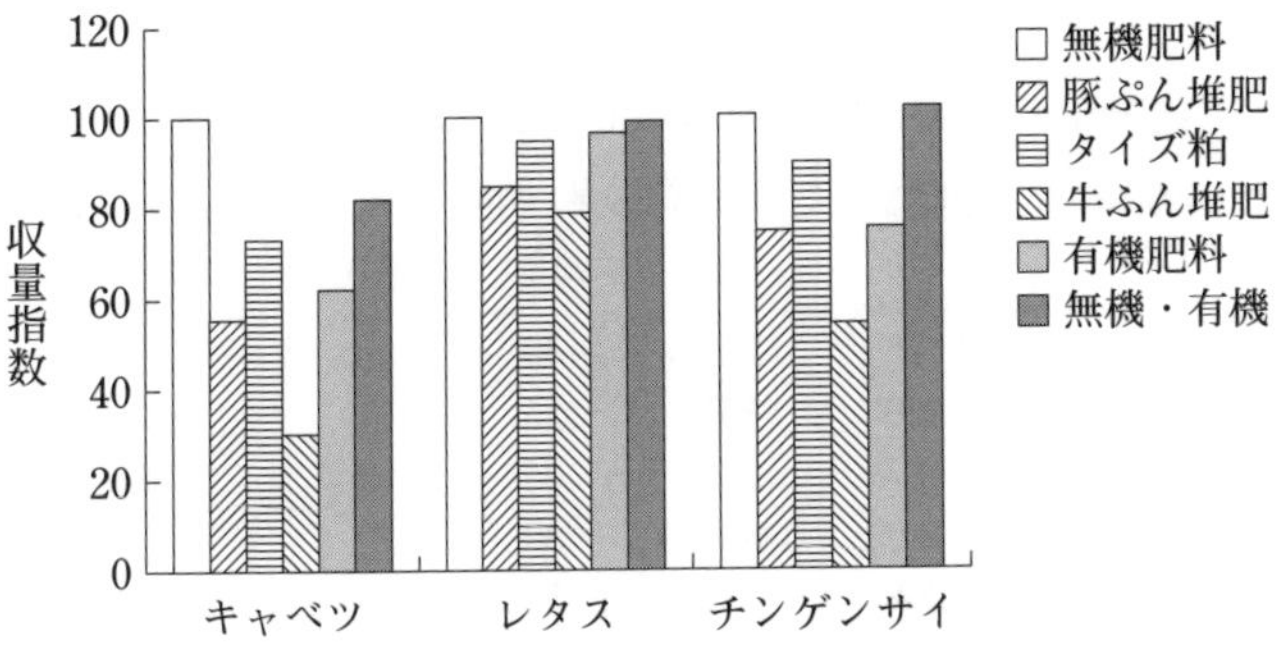

図5－16　各野菜の無機肥料区に対する収量指数
（埼玉農総セ，山﨑）

　試験区別にみると、各野菜の収量はダイズ粕区＞有機肥料区＞豚ぷん堆肥区＞オガクズ牛ふん堆肥区の順であった。ダイズ粕の窒素は一カ月間に七〇～八〇％分解するのに対し、オガクズ牛ふん堆肥の窒素の無機化は遅いので、施用有機物の窒素の分解速度のちがいによって収量差が現われたのである。無機・有機肥料区は、有機物のみの試験区にくらべ常に多収となり、キャベツでは無機肥料区の約八〇％の収量であったが、チンゲンサイ、レタスでは同収量となった（図5―16）。

　有機物を施用した各区の経年的な収量指数をみると、試験を開始した最初の二年間と次の二年間では後半の二年間のほうが各試験区ともに上回っている。有機物の施用によって主に土壌の窒素供給力が高まり、野菜の生育が施用初期にくらべ優った結果によると判断できる。

　以上のことを要約すると、易分解性の有機物、および易～難の分解特性が異なった有機物の組み合わせ施用では、地温の上昇が期待できる夏期間では安定的な収量を確保できるが、地温が低く経過する冬～春先では、十分な窒素の供給が期待できないので、この期間の栽培は不適である。一方、無機肥料と有機肥料の組み合わせ施用では、地温が低い冬の栽培でも比較的高い収量を確保でき、無機肥料と有機肥料の両者の利点を生かした栽培法といえる。

②土壌養分の変化のちがい

五年経過後の土壌の化学性をみる

表5―3　14作終了後の土壌の化学性　（埼玉農総セ，山﨑）

試験区	全炭素（%）	全窒素（%）	交換性塩基（mg/100g）			可給態リン酸（mg/100g）
			石灰	苦土	カリ	
無機肥料	0.83	0.122	211	49	30	61
豚ぷん堆肥	1.50	0.259	421	125	77	**292**
ダイズ粕	0.93	0.157	275	66	**18**	59
オガクズ牛ふん堆肥	1.72	0.199	387	89	49	109
有機肥料	1.36	0.202	424	84	32	**179**
無機・有機	1.23	0.179	375	67	38	115

と、有機物を施用した各区ともに全炭素量、全窒素含量が高く、腐植含量の増加や窒素供給力が高まっていることが裏付けられた。

しかし、豚ぷん堆肥区ではリン酸含量が大幅に増加し、有機肥料区においても豚ぷん堆肥区ほど顕著ではないが同様な傾向である。ダイズ粕区ではそのほとんどが易分解性であり、残存する有機物が少ないため、全炭素量、全窒素含量が他区にくらべ少ない。そして、カリ含量は窒素含量の一〇%であるため、交換性カリ含量が大幅に低くなっている。

試験に供試した有機物の成分組成をみてわかるように、窒素、カリ、リンともに養分含量にかたよりがあり、一種類だけの有機物を多量施用していくと土壌の養分含量が不均衡になるのは当然のことである。土壌の養分バランスを維持していくには、煩雑にはなるが成分組成の異なった有機物を組み合わせて施用していく必要がある。

無機肥料と有機肥料を併用した無機・有機肥料区は無機肥料区にくらべても全窒素量、全炭素含量が高く、塩基含量もほぼ適正に保持されている。ややリン酸含量の富化がみられるが、これは無リン酸または減リン酸の肥料の選択により改善できる（表5―3）。

(2) 有機質肥料で野菜の品質はよくなるのか

品質には形、色沢などから判断する外観的な評価、および糖、ビタミンなどの内容成分から判断する化学的な評価がある。ここではキャベツ―チンゲンサイ―レタスの最終作について、還元糖含量、硝酸イオン含量の内的成分について調べてみた。同じ試験で、その他有機肥料区の一・五倍、二倍の有

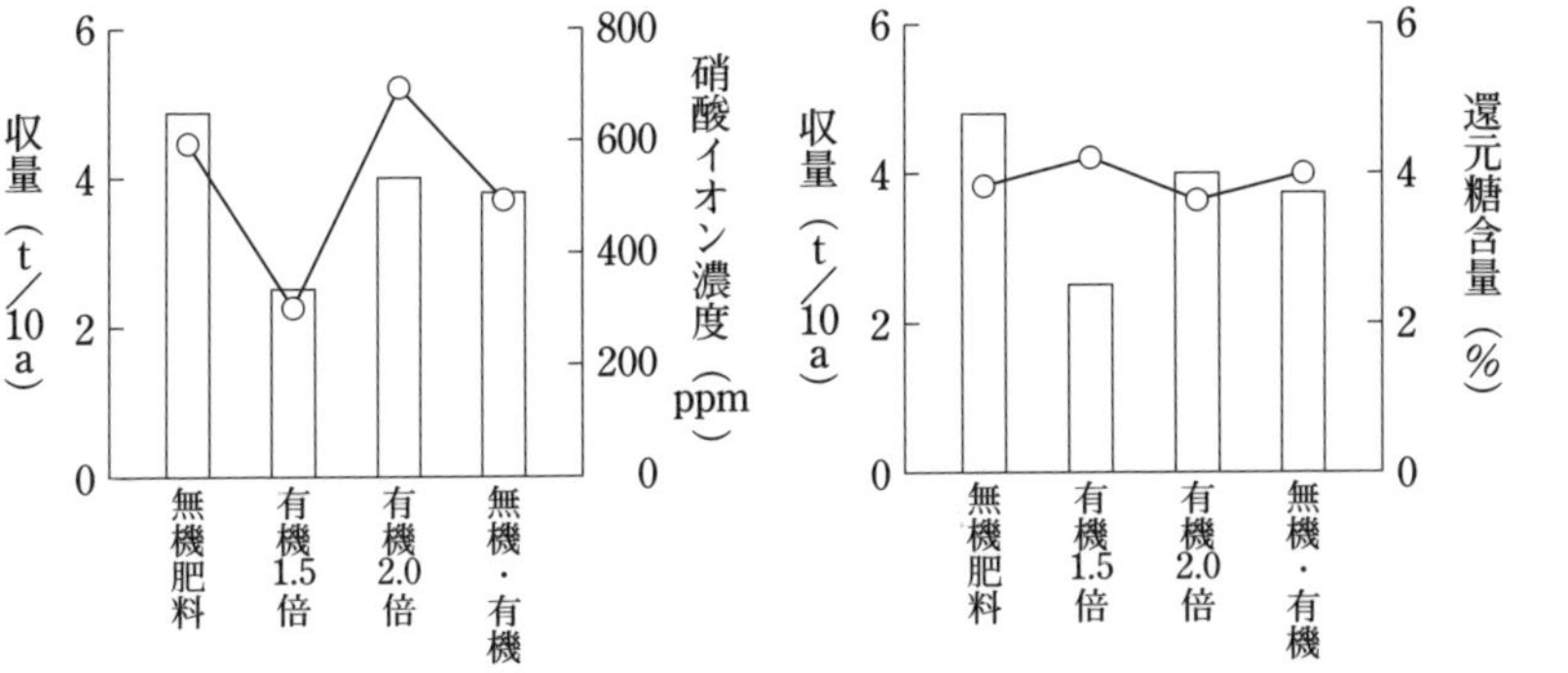

図5—17　キャベツ収量と体内中の硝酸イオン濃度，還元糖含量の関係

（埼玉農総セ，山﨑）

機物を施用した有機一・五倍区、有機二倍区をつくった。その結果、無機・有機肥料区とくらべ、有機一・五倍区はやや減収、有機二倍区は同収量となっている。

各野菜の糖含量、硝酸イオン含量を測定して共通していることは、体内の硝酸イオン含量が上がって増収すると糖含量が減少することで、各野菜ともに糖含量と硝酸イオン含量の間には相互に有意な関係がみられる。これは、有機質肥料を施用して内容成分の高い野菜を生産しようとしても、窒素の肥効が高まって増収すると、無機肥料を使用して生産した野菜と品質的には変わらない傾向にあることを意味している。内容成分の高い野菜を生産するには、有機質肥料の施用量を制限し、ある程度の収量減は覚悟して、窒素ストレスを与えて生産していく必要がある（図5—17）。

今まで多くの試験を行なってきて気付くことは、内的な成分は栽培時期よって異なることが多く、ホウレンソウ、コマツナでは夏よりも冬に、イチゴでは三～四月よりも一～二月に収穫したほうが、糖含量やビタミンC含量が高くなっている。これは低温条件になると収穫までの栽培期間は長くなるという欠点はあるが、短期間で生産された野菜にくらべ生育期間中に多くの日照時間を確保できること、さらに作物体自身が耐寒性を高めることも加わり、内的な成分に優れたが野菜が生産できたと判断される。

(3) 有機質肥料、化学肥料の利点を生かした栽培技術

有機質肥料、有機質資材は緩効的な肥効を示し、持続的に施用することにより地力の維持・向上に役立つ。しか

し、欠点として速効的な施肥効果が期待できないことと、成分的なかたよりがあるため、土壌養分を適正に維持するには、成分組成の異なった資材を組み合わせて施用する必要がある。また、成分含量が低いため、有機一・五倍区、有機二倍区のように、生育を補おうと必要以上に多量施用するようになり、その結果、無機化した成分が圃場外に流出して環境問題を引き起こすようになる。

一方、化学肥料は成分含量が高いため施用量が少なくてすみ、土壌養分含量に応じて成分含量の異なった肥料を選択できる利点がある。しかし、有機質のような地力を向上させる働きはなく、連作により地力が消耗し、徐々に土壌の生産性が低下してくることが指摘できる。

本試験で行なった無機・有機肥料区は、試験開始三年目以降から安定的な収量を示すようになり、土壌の化学性も適正に保持され、内的成分に関しても無機肥料区にくらべ硝酸イオン含量では低く、糖含量ではやや優るようになってきている。このため、高品質化をねらって有機質肥料、有機質資材施用を用いた無化学肥料栽培に固執する必要性はない。有機質肥料、有機質資材を施用して地力の維持・向上をはかりながら、不足分は化学肥料で補うという、両方の利点を取り入れた施肥法がもっとも汎用性が高いものになる。

付録 1　養液土耕栽培システム関連会社

会社名	住所	システムの名称	TEL
イシグロ農材（株）栽培システム部	愛知県渥美郡田原市加治町諸田 52	点滴養液栽培システム	0531-22-7111
エヌ・ピー・ケー貿易（株）	東京都港区虎ノ門 5–11–12	エヌ・ピー・ケー式点滴灌漑システム	03-3436-5130
大塚化学（株）アグリテクノ事業部	東京都千代田区神田司町 2-9	養液土耕栽培システム	03-3294-1391
キッツ（株）システム営業所	千葉市美浜区中瀬 1–10–1	ネオブレンダー導電率王	043-299-1743
草野産業（株）アグリ事業部	東京都中央区銀座 3–9–1	KSK 養液栽培ユニット	03-3542-7823
(有）コスモイリゲーション	栃木県宇都宮市上桑島町 1273–4	KIS ソイルマットカルチャーシステム	028-656-9459
三秀工業（株）	千葉市花見川区千種町 236–24	ミズマック	043-286-4666
住化農業資材（株）	大阪市中央区高麗橋 4–6–17	住化式灌水施肥システム	06-6204-1241
太洋興業（株）農業ハイテク部	東京都中央区東日本橋 2–24–14	カンエキ土耕	03-5820-7105
タキイ種苗（株）	京都市下京区梅小路道猪熊東入	ドリップファームシステム	075-365-0123
パイオニアエコサイエンス（株）	東京都港区虎ノ門 3–7–10	TS システム	03-3438-4731
ネタフィムジャパン（株）	東京都中央区日本橋中州 5–10	施肥灌水システム	03-3663-6510
みかど協和（株）	千葉市中央区星久喜町 1203	養液土耕栽培システム	043-265-6112

付録 2　簡易測定器具販売会社

商品名	会社名	住所	TEL
RQ フレックスシステム	関東化学（株）試薬事業部	東京都中央区日本橋本町 3–11–5	03-3663-7631
メルコクアント硝酸イオン試験紙	〃	〃	〃
硝酸イオンメータ	(株)堀場製作所カスタマーサポートセンター	京都市南区吉祥院宮の東町 2	0120-37-6045

著者経歴

六本木　和夫（ろっぽんぎ　かずお）

昭和21年群馬県生まれ。

昭和51年東京農工大学農学部修士課程終了。

同年、埼玉県農業試験場勤務をへて、現在、埼玉県農林総合研究センター園芸研究所果樹担当部長。農学博士。

平成10年4月「リアルタイム診断による施設果菜類の効率的施肥管理技術に関する研究」により日本土壌肥料学会技術賞を受賞。

著書に「野菜・花卉の養液土耕」（農文協、共著）、「土壌肥料用語事典」（農文協、分担執筆）

野菜・花・果樹
リアルタイム診断と施肥管理
—栄養・土壌・品質診断の方法と施肥・有機物利用

2007年 3 月31日　第 1 刷発行

著者　六本木 和夫

発 行 所　社団法人　農 山 漁 村 文 化 協 会
郵便番号　107-8668　東京都港区赤坂 7 丁目6−1
電話　03(3585)1141(営業)　03(3585)1147(編集)
FAX　03(3589)1387　振替　00120-3-144478
URL http://www.ruralnet.or.jp/

ISBN978-4-540-06302-2　DTP製作／(株)新制作社
〈検印廃止〉　印刷・製本／凸版印刷(株)

定価はカバーに表示
乱丁・落丁本はお取りかえいたします。